Kompetenzorientierte Unternehmensentwicklung

Erfolgreiche Personalentwicklung mit Kompetenzdiagnostiktools

Frank M. Scheelen, David G. Bigby

Haufe Mediengruppe
Freiburg · Berlin · München

Inhalt

Scheelen, Bigby · Kompetenzorientierte Unternehmensentwicklung

Bibliografische Information der Deutschen Nationalbibliothek

Die Deutsche Nationalbibliothek verzeichnet diese Publikation in der Deutschen Nationalbibliografie; detaillierte bibliografische Daten sind im Internet über http://dnb.d-nb.de abrufbar.

ISBN: 978-3-648-01287-1 Bestell-Nr. 04448-0001

1. Auflage 2011

Redaktionsanschrift: Postfach, 82142 Planegg/München
Hausanschrift: Fraunhoferstraße 5, 82152 Planegg/München
Telefon: (089) 895 17-0,
Telefax: (089) 895 17-290
www.haufe.de
online@haufe.de
Lektorat: Sabine Marx
Redaktionelle Unterstützung: text-ur agentur Dr. Gierke, www.text-ur.de
Produktmanagement: Ass. jur. Elvira Plitt

Desktop-Publishing: Helmut Haunreiter, 84533 Marktl
Umschlag: kienle gestaltet, Stuttgart
Druck: Schätzl Druck, 86609 Donauwörth

Zur Herstellung dieses Buches wurde alterungsbeständiges Papier verwendet.

„Viele Fallbeispiele, hohe Relevanz. Dieses Buch ist das ‚Missing Link' zwischen der Theorie der Kompetenzdiagnostiktools und der praktischen Umsetzung. Wertvoll und nutzwertig."

Prof. Dr. Walter Simon
Strategie- und Zukunftsberater

Vorwort von Lutz von Rosenstiel

Manche Dinge sind so überzeugend, so einleuchtend, dass man vermuten würde, sie seien in einem jeden Unternehmen als selbstverständliche Maxime des Handelns vorzufinden. Doch macht man sich kundig, so trifft man in der unternehmerischen Praxis auf eine Leerstelle, ein verlegenes Schulterzucken oder ein ausweichendes: „Ja, ja, wir haben das auch vor ...“. Wie können wir es also besser machen?

In einer sich rasant und dynamisch ändernden Welt muss sich jedes Unternehmen fragen, wie seine Zukunft aussehen soll. Durch strategische Workshops in Kooperation mit kundigen Beratern, durch offene Augen und Ohren dem gegenüber, was sich im Umfeld tut, sollte man versuchen, das abzuschätzen, was sich insgesamt in der Gesellschaft im Zuge der Globalisierung, bei technischen Innovationen etc. verändert und wie sich das speziell auf die Märkte – den Absatz-, den Rohstoff-, den Finanz- oder den Personalmarkt – auswirkt. Und dann wird man sich darauf einzustellen versuchen. Aber natürlich wird man in einem verantwortungsbewussten und engagierten Unternehmen nicht wie eine Marionette an den Fäden einer künftig zu erwartenden Entwicklung hängen, sondern bemüht sein, das mit dem zu verbinden, was unternehmerischer Wille ist:

- Wer wollen wir künftig sein?
- Was ist für uns wichtig?
- Was soll fürderhin der Kern unserer Identität sein?

So entsteht dann eine Vision, ein Leitstern, der den Weg durch oft unbekanntes und schwierig zu beschreitendes Gelände weist.

Altbundeskanzler Helmut Schmidt wird häufig mit der provokanten Aussage zitiert, dass jeder, der Visionen habe, zum Arzt gehen solle. Das ist überpointiert. Aber einen Kern, ein Fünkchen Wahrheit enthält diese Aussage, denn Visionen müssen geerdet sein, sie müssen den Kontakt zur Realität wahren. Dazu gehört, an diesen Visionen orientierte Strategien zu entwickeln, und sich klar darüber zu werden, wie diese umgesetzt werden können, um dann operative Maßnahmen einleiten zu können, durch die die Strategien konkretes Handeln werden. Dazu aber benötigt man Mitarbeiterinnen und Mitarbeiter, die dazu auch in der Lage und befähigt sind.

Organisationsentwicklung ist ohne Personalentwicklung nicht denkbar. So betrachtet gehört eine kompetente Personalentwicklung notwendigerweise zu den zentralen Maßnahmen eines jeden Unternehmens, das strategisch orientiert die eigene Zukunft gestalten möchte. Dies hat dann immer zwei Seiten. Es gilt, jene Menschen zu finden, die das an Potenzial mitbringen, was man künftig benötigt. Hier stellen sich nicht leicht zu bewältigende Anforderungen an die Diagnostik und die Personalauswahl: Es müssen heute jene Menschen gefunden und ans Unternehmen gebunden werden, die man morgen bei veränderten Anforderungen benötigen wird. Die andere Seite besteht in der Entwicklung jener, die bereits im Unternehmen sind. Ihre Stärken und Schwächen zu erkennen und dann zielgerichtet zu entwickeln, ist die zweite zentrale Aufgabe einer strategischen Kompetenzentwicklung, die als unverzichtbarer Teil in die Gesamtstrategie eingebettet sein muss.

Jetzt ist das Wort Kompetenz gefallen. Es wird in Wissenschaft und Praxis unterschiedlich verwendet. Für manche sind Kompetenzen das Gleiche wie Wissen, Fertigkeiten oder Qualifikation. Andere sehen hier einen fundamentalen, nicht zu überbrückenden Gegensatz. Einer der ersten, der den Blick für die Besonderheiten dieses Konzepts schärfte, war der wohl bedeutendste Motivationsforscher des 20. Jahrhunderts, der Amerikaner David McClelland. Er forderte bereits vor annähernd 40 Jahren, dass man neben oder gar anstelle der Intelligenz besser die Kompetenzen erfassen sollte. Er verstand darunter die ganzheitlich zu fassende Fähigkeit eines Menschen, sich emotional, motivational, kognitiv und handlungsmäßig mit unerwartet schwierigen und komplexen Situation in einem bestimmten Berufsfeld erfolgreich auseinandersetzen zu können.

In meinen Augen ist dies natürlich kein Gegensatz zur Qualifikation. So kann man als Basis fachspezifisches Wissen, konkrete Fertigkeiten etc., die konkret zu lehren und lernen sind, vermitteln. Werden diese für bestimmte Berufe sinnvoll kombiniert, gelangt man zu einer Qualifikation, die geeignet ist, die derzeitigen Anforderungen zu bewältigen. Ändern sich diese jedoch, kommt mithin Anderes hinzu, das man zum Teil nicht voraussehen konnte, ist es notwendig, selbst organisiert mit fachlich und methodisch schwierigen Problemen, mit sozialen Situationen und auch mit sich selbst angemessen umzugehen, um insgesamt situationsgerecht und erfolgreich zu handeln.

All dies lässt sich – wenn auch in Grenzen – lernen. Kompetenzen sind zunächst Dispositionen, also Potenziale, Möglichkeiten, die es zu entwickeln gilt. Das kann auf mancherlei Weise geschehen, etwa im Prozess der Arbeit, bei der Bewältigung schwieriger neuer Probleme, im Kontakt mit Anderen, durch anregende Diskussionen, auch im Netz durch die Nutzung vielfältiger Multimediaangebote – und natürlich auch durch Aus-, Fort- und Weiterbildung.

Aber mit derartigen, die Wissenschaft beschäftigenden Teilfragen setzen sich Frank M. Scheelen und David G. Bigby in diesem Buch nur am Rande auseinander. Ihnen geht es um etwas anderes: um konkrete Hilfen für die Praxis. Für sie ist klar, dass ein Teil jeder Strategie auch die strategische Kompetenzentwicklung im Unternehmen sein muss, und sie zeigen exemplarisch, auf welche Weise sich das bewerkstelligen lässt.

Anschaulich und angenehm zu lesen, schildern sie konkrete Fallbeispiele, geben umsetzbare Ratschläge und weisen den Leser darauf hin, was getan werden sollte, um die kompetenzorientierte Unternehmens- und Personalentwicklung zu verwirklichen.

Jedes Unternehmen wünscht sich eine erfolgreiche Zukunft. Wünsche aber werden ohne Anstrengung selten Wirklichkeit. Es gilt, Visionen zu formulieren, Strategien und operative Maßnahmen für deren Realisierung zu entwickeln und die Menschen zu finden oder zu formen, die das können, was künftig erforderlich sein wird. In diesem Buch erfährt man, was in diesem Kontext konkret getan werden könnte, und das ist lesenswert.

München, im Januar 2011

Prof. em. Dr. Dr. h. c. Lutz von Rosenstiel

Ludwig-Maximilians-Universität München, Department Psychologie, Lehrstuhl Organisations- und Wirtschaftspsychologie

Vorwort von Franz-Joseph Busse

Die aktuellen Wirtschaftskrisen zeigen deutlich, wie sehr Organisationen Leader benötigen, die über ausgeprägte Kompetenzen verfügen, die sich auf ihr Entscheidungsfeld beziehen. Gerade die Finanz- und Wirtschaftskrise 2008/09 hat klar gezeigt, dass beispielsweise an Schlüsselpositionen der Finanzwirtschaft Entscheidungen von Managern getroffen wurden, deren Kompetenz sich in der Retrospektive als völlig unzureichend für den jeweiligen Entscheidungsraum herausgestellt hat.

Das wirft die Frage auf, wie Kompetenzen zu definieren, diese an Entscheidungsräume anzupassen und letztlich zu messen und zu bewerten sind. In der Vergangenheit wurden in der Managementlehre Fragen der Managerkompetenz im Bereich der Personalwirtschaft analysiert, diskutiert und erforscht. Diese unternehmensfunktionsbezogene Betrachtung gilt heute nicht mehr. Die moderne Betriebswirtschaftslehre wendet sogenannte Kompetenzmodelle in den unterschiedlichsten betrieblichen Funktionsbereichen an. So hat kürzlich eine Studie in einer renommierten Privatbank gezeigt, dass nicht nur nach den Kompetenzen des Bankmanagements gefragt werden muss, sondern dass sehr wohl auch Kompetenzprofile der Bankkunden und Wunschkunden beachtet, analysiert, zugeordnet und gewichtet werden sollten. Die Implementierung dieses sehr neuen betriebswirtschaftlichen Denkansatzes führte zu nachhaltigem Geschäftserfolg.

Um Kompetenzen zu definieren und zu messen, bedienen sich die Wissenschaft und die Praxis diverser Methoden.

Frank M. Scheelen hat sich seit Jahrzehnten mit diesem Thema beschäftigt und dabei insbesondere auch die aktuelle amerikanische Fachliteratur ausgewertet und mit amerikanischen Fachkollegen wie Dr. David G. Bigby zusammengearbeitet. Er hat zum Thema der Kompetenzmessung etliche Fachbeiträge und Bücher publiziert und eine Vielzahl von Unternehmen bei der praktischen Umsetzung begleitet. Er stellt sich auch immer wieder den kritischen Fragen in Kolloquien an unserer Hochschule, deren Lehrbeauftragter er seit 2005 ist.

Frank M. Scheelen hat in der Vergangenheit diversen Unternehmen mithilfe von Diagnostiktools geholfen, Kompetenzen von Mitarbeitern zu messen und weiterzuentwickeln. Unternehmen haben Leitbilder, Visionen, Strategien und Ziele. Mithilfe von komplexen Kompetenzmodellen erscheint es in diesem neuen Ansatz möglich, Leitbilder und Visionen besser zu entwickeln und Strategien und Ziele effizienter zu erreichen.

Das vorliegende Buch befasst sich mit der Thematik der Kompetenzmessung und der Entwicklung einer kompetenzorientierten Unternehmensstrategie und beschreitet damit neue Wege. Interessant: Den Autoren gelingt der Nachweis, dass die Arbeit mit Kompetenzdiagnostiktools hilft, einige der Herausforderungen zu bestehen, vor denen die meisten Firmen heute stehen.

München, im Januar 2011

Prof. Dr. Franz-Joseph Busse

Professor für Finanz- und Bankwirtschaft, Hochschule München, University of Applied Sciences

Einleitung: Die Entdeckung eines universalen Prinzips

Mitte 2010 wurde in Deutschland mal wieder „Mangelwirtschaft“ ausgerufen: Wirtschaft und Unternehmen beklagen einen Mangel, dieses Mal den Fachkräftemangel auf dem Arbeitsmarkt. Kaum ist die Finanz- und Wirtschaftskrise einigermaßen überwunden, warnen Experten vor dem Aufschwung – weil die Gefahr droht, ihn aufgrund des Fachkräftemangels nicht bewältigen zu können. Die Stimmen mehren sich, dass diese Entwicklung kein konjunkturelles, sondern ein strukturelles Problem sei. Gut ausgebildete und kompetente Menschen werden zum wichtigsten und zugleich knappsten Kapital einer modernen Industrie- und Dienstleistungsgesellschaft.

Die Entwicklung wird bestätigt durch drei Studien, deren Ergebnisse im August 2010 vorlagen: Nach einer Umfrage von Hewitt Associates sehen sich 70 Prozent der Unternehmen mit einem Engpass an qualifizierten Kräften konfrontiert. Die Consulting-Firma hatte 76 große mittelständische und Großunternehmen in Deutschland und Österreich befragt.

Und laut Kienbaum steht bei 77 Prozent der knapp 200 Personalentscheider, mit denen das Beratungsunternehmen gesprochen hat, das Thema „Besetzung von erfolgskritischen Positionen“ ganz oben auf der Agenda.

Schließlich die DIHK: Ihrer Studie nach erwarten fast 50 Prozent der Firmen einen Mangel im Bereich der Hochqualifizierten, wobei der Kampf um die kompetenten und gut ausgebildeten Führungskräfte und Mitarbeiter durch den unausweichlichen demografischen Wandel noch eine Verstärkung erfährt.

Die Initiative des deutschen Wirtschaftsministers, ausländische Fachkräfte mit einem Begrüßungsgeld an die Werkbank oder den Ingenieursschreibtisch zu locken, wird zwar belächelt und tritt eine Integrationsdebatte los, ruft aber zugleich eine Diskussion über ein Versäumnis ins Leben: Es fehlen – mit regelmäßiger Zuverlässigkeit – immer wieder in Kernbereichen der Wirtschaft Menschen mit spezifischen Kompetenzen und Qualifikationen. Kompetenzen und Qualifikationen, die notwendig sind, um Unternehmen so zu entwickeln, dass sie am Markt konkurrenzfähig bleiben und strategisch für die Zukunft gerüstet sind. Denken wir diesen Sachverhalt einmal weiter: Angenommen, das Ziel, auch in der nächsten Dekade als Exportweltmeister zu den wirtschaftlich stärksten Ländern zu zählen, ist unsere Vision. Dann scheitert die Verwirklichung der Vision daran, dass dazu die Menschen fehlen, die über die zur Visionsverwirklichung erforderlichen Kompetenzen verfügen.

Das Primat der Vision und der Strategie

Es fehlt am strategischen Weitblick, der über den Tellerrand des operativen Tagesgeschäftes hinauszublicken vermag, um gewollte oder unvermeidliche, weil kaum beeinflussbare, Zukunftsentwicklungen zu antizipieren und in ihren Konsequenzen zu bedenken.

Oder anders ausgedrückt: Es existiert – nicht nur in Deutschland – in vielen Firmen ein Strategiedefizit, das eine Unternehmens- und Personalentwicklung verhindert, mit der gewollte Zukunftsentwicklungen herbeigeführt werden oder unvermeidlichen Zukunftsentwicklungen angemessen begegnet werden kann.

Wagen wir einen Blick in eine imaginäre Zukunft: Eine unabhängige Expertenkommission, die sich aus Spezialisten aus Politik, Wirtschaft, Kultur sowie allen gesellschaftlich relevanten Gruppierungen zusammensetzt, definiert als Vision, in 20 Jahren zu einer der führenden Wirtschaftsmächte zu gehören, und zwar aufgrund der Spezialisierung für die Herstellung regenerativer Energien. Es knüpft also an eine vorhandene Kernkompetenz an.

Daraus wird ein strategisches Konzept mit konkreten operativen Umsetzungsmaßnahmen abgeleitet, die in einen Zeitplan münden. Bestandteil des Plans ist ein Unternehmens- und Personalentwicklungskonzept, denn zur Visionsumsetzung sind Firmen notwendig, die die erneuerbaren Energien vertreiben können. Und es sind Menschen notwendig, die über die entsprechenden Qualifikationen verfügen, um die energiepolitische Vision Wirklichkeit werden zu lassen.

Die Expertengruppe analysiert, welche Kompetenzen dies sind – und stellt fest, dass die meisten Menschen über diese Kompetenzen derzeit natürlich nicht verfügen. Also wird die Bildungspolitik darauf ausgerichtet, dass die

Menschen diese Kompetenzen in Aus- und Weiterbildung nach und nach aufbauen.

Klar ist: Würde die Expertengruppe nicht die Kompetenzen festlegen, die zur Visionsverwirklichung unabdingbar sind, würde die Wahrscheinlichkeit sinken, dass in 20 Jahren genügend Menschen zur Verfügung stehen, die über sie verfügen.

Natürlich: Es handelt sich um ein Zukunftsbild, das mit Vereinfachungen arbeiten muss. Es verdeutlicht aber: Eine gewollte Entwicklung – konkretisiert und verdichtet in der Vision – kann nur Realität werden, wenn frühzeitig darauf geachtet, dass die Menschen die dazu notwendigen Fähigkeiten entwickeln können.

Umgekehrt gilt: Kompetenzentwicklung ohne Andockung an ein konkretes Entwicklungsziel, eine Strategie und eine Vision bewegt sich im luftleeren Raum und führt zu dem Paradoxon, dass in hochentwickelten Dienstleistungsgesellschaften eine Vielzahl an überqualifizierten Menschen mit Kompetenzen ausgestattet ist, die leider nicht benötigt werden. Diese Situation ist nicht nur volkswirtschaftlich unsinnig, sondern auch für die Menschen höchst unbefriedigend und belastend.

Und das ist dann einer der Gründe, warum es so viele Taxi fahrende Philosophen gibt. Das mag ein Klischee sein, aber Klischees sind Klischees geworden, weil sie wahr sind.

Ein universales Prinzip: Kompetenzorientierte Unternehmensentwicklung

Und so ist es auch mit Ihrem Unternehmen, auch hier gilt das universale Prinzip, das aus den folgenden Punkten besteht:

- Visionsentwicklung auf dem Fundament der Kernkompetenzen,
- Strategiefestlegung,
- strategische und operative Ziele und Umsetzungsmaßnahmen und
- Menschen durch Aus- und Weiterbildung mit den entsprechenden Kompetenzen ausstatten.

Eine Gesellschaft kann es sich noch erlauben, dass einige Menschen Kompetenzen erwerben, die nicht unmittelbar verwertbar sind. Dies ist in einer freiheitlichen Gesellschaft vielleicht sogar wünschenswert, weil sich so kreativ-spielerisches Potenzial in Nischen entwickeln kann. Ein Unternehmen aber braucht Menschen mit Qualifikationen und Verhaltensweisen, die helfen, Unternehmensziele zu erreichen.

Vielleicht verdeutlicht ein Beispiel aus dem Sport das universale Prinzip. Erinnern wir uns an das Fußball-Sommermärchen 2006: Jürgen Klinsmann hat zur Weltmeisterschaft eine Vision, ein klares „Unternehmensziel" ausgegeben: „Wir wollen mit begeisterndem Fußball Weltmeister werden!" Daraufhin hat Klinsmann die Kompetenzen beschrieben, die seine Mannschaft und seine Spieler haben müssen, um dieses Ziel zu erreichen – und analysiert, welche Kompetenzen und Leistungen sie tatsächlich aufweisen und erbringen.

Er hat eine klassische Stärken-Schwächen-Analyse durchgeführt und die entsprechenden Veränderungsmaßnahmen eingeleitet: Die Spieler bauen ihre Stärken aus und arbeiten zugleich an ihren Defiziten: Sie mussten als Team ihre Fitness erhöhen, der eine Spieler sein Kopfballspiel verbessern, der andere sein taktisches Geschick, ein dritter sein Defensivverhalten. Jede Maßnahme hatte sich bedingungslos in den Dienst der Zielerreichung zu stellen.

Dabei wäre es unsinnig, wenn der Torwart seine Kompetenzlücke „Flankenschlagen" schlösse. Und niemand würde vom Stürmer verlangen, stundenlang den Abschlag zu üben. Die konkrete Ausrichtung des Kompetenzauf- und -ausbaus orientiert sich selbstverständlich immer an der Aufgabe, die der Spieler im Gesamtgefüge des Teams übernommen hat.

Die kompetenzorientierte Entwicklung der Nationalmannschaft, des Unternehmens, der Gesellschaft: drei unterschiedliche Bereiche, aber ein und dasselbe universale Prinzip.

Kompetenzen für die Visionsverwirklichung

Erlauben Sie, dass wir als ein Beispiel die Scheelen® AG ins Spiel bringen. Auch bei der Scheelen® AG stand und steht die Visionsformulierung und die daraus abgeleitete Strategieentwicklung in einem unmittelbaren Zusammenhang mit der kompetenzorientierten Unternehmensentwicklung. „Wir entwickeln menschliches und unternehmerisches Potenzial" – das ist der Leitstern unseres Denkens und Handelns als Anbieter individueller Beratungen, Trainings und Coachings zur Förderung von Kompetenzen und Entwicklung von Potenzialen für Menschen, Teams und Organisationen.

Unser Weg zur Erreichung dieses Unternehmensziels: Wir entwickeln potenzialdiagnostische und entwicklungsorientierte Instrumente, mit denen unternehmerischer Erfolg möglich ist. Denn diese Instrumente bilden die Basis für die richtige Mitarbeiterauswahl und -platzierung wie für die gezielte Personal- und Organisationsentwicklung.

Das ist der Rahmen, innerhalb dessen die Führungskräfte und Mitarbeiter der Scheelen® AG ihre eigenen Kompetenzen weiterentwickeln. Wir prüfen ständig, ob wir neue Kompetenzen ausbauen oder vorhandene weiterentwickeln müssen, um unsere Unternehmensziele und letztendlich unsere Vision verwirklichen zu können.

Überdies verfügen wir so über eine Entscheidungsgrundlage, wenn neue Mitarbeiter eingestellt werden. Ihre Kompetenzen müssen dazu beitragen, die Unternehmensziele der Scheelen® AG zu erreichen. Dafür entwerfen wir für vakante Stellen ein Job- oder Kompetenzprofil.

Übrigens: Ist dies der Fall, fühlen sich diese Menschen wohl bei uns und an ihrem jeweiligen Arbeitsplatz. Denn sie können ihre Talente, Begabungen und Fertigkeiten einsetzen, um ein unternehmerisches Ziel, eine Vision – und damit ein Ziel, das über sie selbst als einzelnem Individuum hinausweist – zu erreichen.

Und das ist gut für die Motivation, das Engagement, die Arbeitsfreude und Arbeitszufriedenheit und führt zu einer hohen Identifikation mit Unternehmen, Arbeitgeber und konkreter Tätigkeit.

Und so kann es auch Ihnen gelingen, Spitzenkräfte für Ihr Unternehmen zu gewinnen und sie langfristig an die Firma zu binden.

Was Ihnen dieses Buch bietet

Das bisher Gesagte spiegelt den Inhalt dieses Buches wie in einem Prisma:

- Im ersten Kapitel wollen wir Ihnen die Grundsätze der kompetenzorientierten Unternehmens- und Personalentwicklung aufzeigen. Entscheidend dabei ist Ihre Vision: Sie bildet die Grundlage, auf der die zukunftsorientierte Weiterentwicklung Ihrer Firma, Ihrer Abteilung, Ihres Verantwortungsbereichs und Ihrer Führungskräfte und Mitarbeiter aufbaut.
- Das zweite Kapitel beschäftigt sich mit den Nachteilen der strategielosen Unternehmensführung. Diese liegen natürlich auf der Hand – ebenso sicher jedoch ist, dass Firmen allein aus dem Grund scheitern, weil es der Geschäftsleitung nicht gelingt, einen strategischen Weitblick auszubilden, der es ihnen erlaubt, in langfristig wirksamen Kategorien zu denken.
- Evidenzbasierte Weiterbildung – das ist das Thema des dritten Kapitels, in dem beispielhaft die Darstellung der Arbeit mit dem Kompetenzdiagnostiktool ASSESS by Scheelen® im Mittelpunkt steht. Evidenzbasierte Weiterbildung bedeutet, mithilfe von validen Kompetenzdiagnostiktools Weiterbildungsmaßnahmen so zu planen, dass durch sie bei Führungskräften und Mitarbeiten diejenigen Kompetenzen auf- und ausgebaut werden, die ein Unternehmen benötigt, um seine Ziele zu erreichen.
- Da wir von seinem Nutzen überzeugt sind und das Kompetenzdiagnostiktool ASSESS selbst einsetzen, um die kompetenzorientierte Unternehmensentwicklung voranzutreiben, stellen wir die Hintergründe zu diesem Tool im vierten Kapitel ausführlicher dar.
- Neben dem umfassenden Ziel, mit Kompetenzdiagnostiktools die Unternehmensentwicklung strategisch voranzutreiben, gibt es weitere Möglichkeiten, solche Tools im Unternehmen einzusetzen: zum Beispiel im Bereich der Personalsuche und des Talentmanagements. Diese Möglichkeiten beschreiben wir im fünften und abschließenden Kapitel.

Bevor wir starten, lassen Sie uns noch betonen, dass wir uns aus Gründen der besseren Lesbarkeit dafür entschieden haben, in diesem Buch die männliche Form zu wählen. Natürlich: Wenn wir zum Beispiel von Mitarbeitern sprechen, sind auch die Mitarbeiterinnen gemeint und eingeschlossen.

Bücher wie dieses, deren Inhalte auf langjähriger Erfahrung beruhen, die auch mit Kunden gewonnen wurden, die Kompetenzdiagnostiktools in ihrer täglichen Arbeit einsetzen, fußen nie auf dem Wissen der Autoren allein. Darum sei es uns an dieser Stelle gestattet, einigen Menschen zu danken, ohne die dieses Buch nicht hätte geschrieben werden können:

Zuerst also den vielen Unternehmen, die bereits auf strategische Kompetenzmodelle und -entwicklung setzen, darunter auch unsere Kunden. Dazu gehören sowohl global agierende Konzerne als auch *Hidden Champions* aus dem Mittelstand; Unternehmen jeder Größe und jeder Branche. Kompetenzorientierte Strategieentwicklung ist die Basis für jeden nachhaltigen, zukunftsträchtigen Erfolg auch in Ihrem Unternehmen! So will ich auch Ihnen, den Leserinnen und Lesern dieses Buches, danken, dass Sie sich mit uns über dieses wichtige und wertvolle Instrument der Unternehmensführung auseinandersetzen.

Danken will ich aber auch den vielen Wissenschaftlern, Psychologen und Wirtschaftsexperten, die sich seit vielen Jahren mit der Praxisbedeutung strategischer Kompetenzmodelle beschäftigen und uns heute diese wertvollen Instrumente geschenkt haben.

Besonders erwähnen will ich meinen Co-Autor Dr. David G. Bigby, der mit seinen umfangreichen Teams und Unternehmungen in den USA bereits seit vielen Jahren Grundlagenforschung zu diesem Thema betreibt und nicht zuletzt auch dem europäischen und deutschen Markt sehr bekannte und renommierte Tools gebracht hat.

Und zuletzt danke ich den Wirtschaftswissenschaftlern, Organisationspsychologen, HR-Experten, Personalentwicklern und auch Fachjournalisten, die die Diskussion und Entwicklung von Kompetenzmodellen weiter vorantreiben: Denn im Mittelpunkt steht der Mensch.

Kapitel 1: Kompetenzorientierte strategische Unternehmens- und Personalentwicklung: Grundsätze, Prinzipien und Umsetzung

Was Sie in diesem Kapitel erfahren

Im Mittelpunkt des ersten, eher theoretischen Teils dieses Kapitels steht ein Fallbeispiel, aus dem die Grundsätze der kompetenzorientierten und strategischen Unternehmens- und Personalentwicklung abgeleitet werden. Entscheidend dabei ist die Kompetenzorientierung, aus der sich ein ganzheitliches Weiterbildungskonzept entwickeln lässt.

Im umsetzungsorientierten und praktischen Teil geht es um die Grundzüge der Visionserarbeitung und der Strategieentwicklung.

Einleitendes Fallbeispiel: Die St. Gallisch-Appenzellische Kraftwerke AG

Ein Fallbeispiel soll den Einstieg in die Thematik erleichtern.

Unternehmensziele mit kompetenten Mitarbeitern erreichen

Der Wandel in der Strombranche, hervorgerufen durch die Liberalisierung des Strommarktes in der Schweiz, stellte die St. Gallisch-Appenzellische Kraftwerke AG, kurz SAK, und ihre Mitarbeiter vor neue Herausforderungen. Darum hatte das führende regionale Energieverteilunternehmen des Kantons St. Gallen und der beiden Appenzeller Kantone (Appenzell Ausserrhoden und Appenzell Innerrhoden) 2003 eine Vision für die Jahre bis 2010 entwickelt und daraus eine zukunftsweisende Unternehmensstrategie abgeleitet.

„Unser Unternehmen soll auch im freien Markt erfolgreich tätig sein", beschrieb Reinhard Künzler, Leiter Personal SAK, seinerzeit die Ziele, „und die drei Kantone verbessern ihre Konkurrenzfähigkeit und ihr Standortmarketing für die Industrie noch mehr."

Wer Visionen in die Tat umsetzen, wer strategische und operative Ziele erreichen will, benötigt dazu Menschen, die über die Kompetenzen und Verhaltensweisen verfügen, die zur Zielerreichung notwendig sind. „Wir wollen, dass unsere Mitarbeiter in der Lage sind, noch kundenorientierter vorzugehen", unterstrich Reinhard Künzler damals die Zielsetzung.

Der Weg zum Ziel: die Entwicklung eines strategischen Personalentwicklungskonzeptes, das darauf abzielte, diejenigen Kompetenzen bei den Führungskräften und Mitarbeitern aufzubauen, die die Vision Realität werden lassen. Und genau diesen Weg hat die SAK dann auch eingeschlagen.

Vision umsetzen

„Wir brauchten ein Modell, mit dem die Kompetenzen ziel- und visionsgenau entwickelt werden konnten", erläuterte der Personalleiter die damalige Herausforderung. „Zuerst haben wir einen Selbstversuch gestartet und wollten selbst ein Kompetenzmodell aufbauen. Das hat nicht funktioniert. Schließlich stießen wir auf das Kompetenzdiagnostiktool ASSESS by Scheelen®. Und diese Methode hat alle unsere Anforderungen abgedeckt, sodass wir keine weiteren mehr geprüft haben. Die Entscheidung fiel schnell und eindeutig."

ASSESS analysiert immer zwei verschiedene Aspekte:

- Erstens, welche Kompetenzen die Führungskräfte und Mitarbeiter in die Lage versetzen, zur Verwirklichung der Vision und der Unternehmensziele der SAK beizutragen.
- Und zweitens: Welche Kompetenzen müssen aufgebaut werden, weil eine Kompetenzlücke vorliegt, also Entwicklungspotenzial vorhanden ist.

Kompetenzmodelle entwickeln

Bei der SAK wurden schließlich fünf Kompetenzmodelle entwickelt. Dabei wurden für 50 Personen Kompetenzanalysen erstellt, darunter auch für alle Führungskräfte. Beteiligt waren fünf Gruppen:

1. die Mitglieder der Geschäftsleitung,
2. die Vorgesetzten,
3. die Projektleiter,
4. die Fachexperten und
5. die Gruppe „Sachbearbeiter/Monteur".

ASSESS hilft, die unternehmerischen Zielvorgaben in benötigte Kompetenzen und Verhaltensziele zu übersetzen: Daraus ergibt sich ein Soll-Profil, das mit den Persönlichkeitseigenschaften einer Führungskraft oder eines Mitarbeiters abgeglichen werden kann. Das Ergebnis: Kompetenzlücken sind sichtbar und können mit den entsprechenden Weiterbildungsmaßnahmen ausgeglichen werden.

Wie sah dies bei der SAK aus? Bei den SAK-Führungskräften auf der Geschäftsleitungsebene wurde festgestellt, dass 14 Kompetenzen ganz besonders wichtig sind, damit das Unternehmen seine Ziele realisieren kann. Dazu zählte neben der Entscheidungsstärke und dem unternehmerischen Denken und Handeln insbesondere die *Visionskraft*.

Eine Führungskraft sollte also in der Lage sein, langfristige Ziele zu erkennen und die Einführung kreativer Ideen zu gestalten. Menschen mit Visionskraft fordern und treiben das Unternehmen an, sich stetig zu verbessern und zu wachsen. Diese Kompetenz war im Hinblick auf die SAK-Vision natürlich von besonderer Bedeutung.

Dies zeigt in aller Deutlichkeit: Die Kompetenzen und ihre unternehmensbezogenen Definitionen schweben keinesfalls im luftleeren Raum. Immer stellt sich die Frage, ob und inwiefern eine Kompetenz notwendig ist, damit Unternehmensziele erreicht werden und das Unternehmen seine Werte leben kann.

Bibliothek mit definierten Kompetenzen nutzen

Schließlich wurden mithilfe der Kompetenzbibliothek die für die fünf genannten Funktionen benötigten Kompetenzen jeweils ausgewählt. Dies geschah in zwei halbtägigen und arbeitsreichen Workshops, an denen die rund 50 SAK-Vorgesetzten teilnahmen. So entstanden fünf konkrete Kompetenzmodelle.

Wie aber konnte nachgewiesen werden, in welchem Ausprägungsgrad ein Mitglied der Geschäftsleitung über „Visionskraft" verfügte? Denn erst wenn dies geschieht, können die Kompetenzlücken kenntlich werden.

Die Vorgehensweise bei der SAK:

- Um das Ist-Profil zu erstellen, bearbeiteten die Führungskräfte den 350 Fragen umfassenden Fragebogen.
- Durch die präzisen Fragen ließ sich festlegen, auf welchem Entwicklungsstand sich die genau umrissene Kompetenz „Visionskraft" bei den Führungskräften befand.
- Und jetzt konnte die SAK-Führung auch die Frage klären, ob sie diese Kompetenz auf- oder ausbauen muss und wie sie die Kompetenzlücken schließen kann.

Kompetenzorientierung im ganzen Unternehmen

Bei der SAK wurden schließlich vor allem diejenigen Kompetenzen, die für die Visions- und Zielerreichung wichtig sind, unternehmensübergreifend entwickelt. Dabei ging es um die Kompetenzen, die aufseiten der Führungskräfte einen niedrigen Ausprägungsgrad aufwiesen.

Mittlerweile hat die SAK die kompetenzbasierte Personalentwicklung auf die Gesamtunternehmung und alle Mitarbeiter ausgeweitet. So werden die Kompetenzmodelle in die Leistungsbeurteilungen einbezogen und außerdem bei Neueinstellungen genutzt – vor allem, wenn es auf der Ebene der Führungskraft darum geht, diejenigen Menschen einzustellen, deren Werte mit denen der SAK übereinstimmen und deren Kompetenzen zur Visions- und Unternehmenszielerreichung beitragen.

Das Ergebnis einer Kompetenzbeurteilung stellt für die Führungskraft der SAK mittlerweile eine Richtlinie dar, die sie aufgrund ihrer persönlichen Wahrnehmung durchaus ändern kann: Wenn sie sich im Gespräch die Meinung bildet, eine Person sei für eine vakante Stelle die richtige, die Kompetenzbeurteilung aber zu einem anderen Ergebnis kommt, vertraut man bei der SAK dem Urteil der Führungskraft.

Bei der SAK hat man festgestellt, dass sich die Beteiligten quasi selbst schulen: Denn eine Führungskraft, deren Kompetenzen vom Vorgesetzten mithilfe eines Fragebogens bewertet werden, überträgt diesen Lernprozess auf ihre eigenen Mitarbeiterbeurteilungen. Sie ist dann rasch in der Lage, im Mitarbeitergespräch eine Kompetenzbeurteilung vorzunehmen.

Grundsätze und Prinzipien der kompetenzorientierten strategischen Unternehmens- und Personalentwicklung

In den folgenden Kapiteln wird der hier im SAK-Beispiel verdichtete Prozess der Unternehmensentwicklung durch kompetenzorientierte Weiterbildung detailliert erläutert. Das Fallbeispiel zeigt aber bereits in aller Deutlichkeit, wie mit kompetenzorientierter Weiterbildung Visionen verwirklicht werden können und wie die Grundsätze dieses Prozesses aussehen:

- Grundsatz 1: Unternehmensentwicklung und Personalentwicklung sind eineiige Zwillinge.
- Grundsatz 2: Erfolgreiche Unternehmensentwicklung beginnt mit einer Vision.
- Grundsatz 3: Jede Vision muss durch Strategie- und Zieleorientierung fundiert werden.
- Grundsatz 4: Wer Unternehmensziele erreichen will, braucht kompetente Mitarbeiter – und darum Kompetenzdiagnostiktools und Kompetenzprofile der Mitarbeiter.
- Grundsatz 5: Der Mensch muss im Mittelpunkt stehen: kompetenzorientierte Weiterbildung.

Was bedeuten diese Grundsätze im Einzelnen?

Grundsatz 1: Unternehmensentwicklung und Personalentwicklung sind eineiige Zwillinge

Jedes wachstumsorientierte Unternehmen, jedes Unternehmen, das erfolgreich sein will, benötigt eine passgenaue Personalentwicklungsstrategie. Unternehmensentwicklung und Unternehmenserfolg sind ohne entsprechende Personalentwicklung nicht möglich, und die Personalpolitik muss immer im Hinblick auf die angestrebte Unternehmensentwicklung reflektiert werden.

Große Worte, die schon oft strapaziert worden sind. Doch es kann nicht oft genug betont werden! Weil es so wahr und so wichtig ist – jenseits aller Binsen und Lippenbekenntnisse. Grundlegendes klingt oft einfach. Ist es aber nicht! In wie vielen Firmen werden Versuche gemacht, in groß angelegten Veränderungsprozessen eine neue Unternehmenskultur zu kreieren, aber darüber wird vergessen, die Mitarbeiter auf den Entwicklungsweg mitzunehmen. Ja, es kommt vor, dass die Mitarbeiter jenen Wechsel in der Unternehmensphilosophie – etwa bei Mergers & Acquisitions, also Unternehmensfusionen oder Unternehmensübernahmen – nicht mitbekommen oder zumindest nicht nachvollziehen können, insbesondere dann, wenn die neue Unternehmensphilosophie von einer Agentur entwickelt und dann der Firma oktroyiert wurde. Eine „richtige" Unternehmensphilosophie entsteht so gut wie immer von innen heraus und wird von den Mitarbeitern angestoßen oder wenigstens mit vollem Herzen mitgetragen.

Oder denken wir daran, wenn wir Grundsatz 1 in den Fokus nehmen, wie viele Firmen jenem unheilvollen Seminartourismus huldigen, bei dem Mitarbeiter auf Seminare und in Trainings geschickt werden, in denen „der Torwart seine Torjägerinstinkte schult und der Mittelstürmer den Torabschlag übt", sprich: in denen die Menschen Qualifikationen erwerben, die ihnen zwar ein schönes Hochglanzzertifikat eintragen, aber mit den Kompetenzen, die sie zur optimalen Erfüllung ihrer Aufgaben benötigen, nur sehr begrenzt zu tun haben.

Der enge Zusammenhang zwischen positiver Unternehmensentwicklung und erfolgreicher Personalentwicklung ist zum einen offensichtlich: Es ist kaum eine erfolgreiche Organisation vorstellbar, die ohne Topführungskräfte und motiviert-kompetente Mitarbeiter auskäme. Und insbesondere qualifizierte Führungskräfte bilden die Grundlage für erfolgreich agierende Firmen: Dies belegen Studien, die sich mit der Bedeutung der Leadership-Kompetenz für den Unternehmenserfolg beschäftigen – beispielsweise die folgenden.

- **Der Zusammenhang zwischen erfolgreichen Unternehmen und erfolgreichen Führungskräften**

Ein Beispiel unter vielen: Die Unternehmensberatung Hay Group hat 2009 in einer weltweiten Studie festgestellt, dass auch in der Finanz- und Wirtschaftskrise die unternehmerische Zukunftssicherung vor allem durch eines gewährleistet wurde – nämlich durch kontinuierliche Führungskräfteentwicklung. Insbesondere die Führungskräftekompetenz „Strategisches Denken“ war und ist es, die die Überlebensfähigkeit der Firmen auch in der Rezession sicherstellen konnte.

Die weltweit besten Unternehmen in Bezug auf die Führungskräfteentwicklung sind nach der diesjährigen Studie General Electrics, Southwest Airlines und 3M Company. Vier der weltweiten Top-20-Unternehmen haben ihren Hauptsitz in Europa: Nestlé erreicht im Ranking Platz 7, IKEA und ABB besetzen die Plätze 14 und 15, Unilever Platz 19.

Gemeinsam ist den Firmen, dass sie erfolgreich sind – und die hohe Bedeutung, die sie der Führungskräfteentwicklung beimessen. Trotz der schwierigen wirtschaftlichen Rahmenbedingungen besaß das Thema Führungskräfteentwicklung für die Top 20-Unternehmen auch im vergangenen Jahr einen hohen Stellenwert.

Der Zusammenhang zwischen guter Führungskräfteentwicklung und wirtschaftlichem Erfolg zeigte sich in der Hay-Group-Untersuchung auch beim Vergleich des Shareholder Return (Kursgewinne und Dividende): Der Shareholder Return der Top-20-Unternehmen lag nicht nur langfristig, sondern auch im Krisenjahr 2008 deutlich über dem der S&P 500 Firmen, also der 500 größten börsennotierten US-amerikanischen Unternehmen.

Die Studie ist auch der Frage nachgegangen, welche Faktoren dazu führen, dass sich die Top-20-Unternehmen bei der Entwicklung von Führungskräften von anderen Firmen abheben: 90 Prozent der Befragten aus den Top-20-Unternehmen geben an, dass grundsätzlich alle Mitarbeiter ihres Unternehmens die Möglichkeit haben, Führungseigenschaften zu entwickeln und zu erproben. Dasselbe sagen nur 67 Prozent aller Befragten über ihr Unternehmen. Entsprechend bestätigt die große Mehrheit der Befragten aus den

Top-20-Unternehmen (85 Prozent), dass ihr Arbeitgeber seine Mitarbeiter dazu anhält, zu führen.

Führung ist der Schlüssel zum Erfolg: Das wird ebenfalls durch eine Untersuchung bestätigt, die die US-Leadership-Experten John H. Zenger und Joseph Folkmann durchgeführt haben, und deren Ergebnisse in ihrem Buch „The Extraordinary Leader: Turning Good Managers into Great Leaders“ beschrieben sind.

Demnach zeichnen sich exzellente Führungskräfte nicht nur dadurch aus, dass ihre Unternehmen überdurchschnittlich viele zufriedene, ja begeisterte Kunden haben. Führungspersönlichkeiten verstehen es überdies, ihre Mitarbeiter im Sinne der Erreichung der Geschäftsziele zu motivieren. Sie erhalten das Commitment, das „Jawort“ der Mitarbeiter, die die Ziele des Unternehmens zu den ihren machen und sich engagiert dafür einsetzen. Und darum erhöht sich die Mitarbeiterbindung – Führungspersönlichkeiten schaffen es, dass sich die Mitarbeiter mit dem Unternehmen, den Produkten und Dienstleistungen und ihrer Tätigkeit identifizieren. All dies hat einen positiven Einfluss auf die Unternehmensentwicklung insgesamt.

Die Untersuchungsergebnisse belegen mithin, dass Unternehmens- und Personalentwicklung „aus einem Guss“ eine Basis erfolgreicher Firmen ist – und ein Ziel sein muss.

Grundsatz 2: Erfolgreiche Unternehmensentwicklung beginnt mit einer Vision

„Am Anfang stand die Vision“: Das Beispiel der St. Gallisch-Appenzellischen Kraftwerke AG zeigt, dass eine erfolgreiche strategische Unternehmens- und Personalentwicklung immer in einem originären Zusammenhang mit einer Vision steht. Und zwar einer Vision, die aus den Kernkompetenzen, Kernfähigkeiten und Kernvorteilen des Unternehmens abgeleitet wird. Nur dann ist es möglich, diejenigen Kompetenzen festzulegen, die für die Visionserreichung benötigt werden, und die Kompetenzlücken zu schließen.

Die Hauptgründe für Erfolg im Leben sind Richtung und Konzentration. Wenn alle Führungskräfte und alle Mitarbeiter im Unternehmen eine gemeinsame klare Vorstellung über die erwünschte Zukunft haben, erzeugen sie eine mentale Synergie und Sogwirkung, die sie ihre Ziele erreichen lässt.

Die Führungspyramide (Abbildung 1) veranschaulicht, was damit gemeint ist: Das Unternehmen muss sich zunächst einmal über seine Vision im Klaren sein. Daraus ergeben sich die Werte, die wiederum den Weg und die Art und Weise bestimmen, wie Ziele erreicht werden und wie sich Führungskräfte und Mitarbeiter in konkreten Situationen verhalten sollten. Die Kette von der Vision zum kompetenten Mitarbeiter hat aber weitere Glieder:

- Aus Vision, Mission und Werten können die handfesten unternehmerischen Grundsätze und die Unternehmensstrategie abgeleitet werden – und daraus wiederum die Unternehmensziele.
- Es gilt: Strategische Planung ohne Vision ist weitgehend wertlos – aber eine Vision ohne umsetzungsorientierte Strategie ebenso. Vision und Strategie gehören zusammen wie die zwei Seiten einer Medaille.

Abb. 1 : Führungspyramide by Nimsky, Scheelen® AG

• Vision: Die Definition der großen Idee

Was aber genau kann unter „Vision“ verstanden werden? Die Autoren des Buches „Visionary Companies“, James Collins und Jerry Porras, Vordenker zum Thema „Visionäres Management“, sprechen von einem visionären Unternehmen dann, wenn es zentrale Werte und Ziele hat, die auch dann unverändert bleiben, wenn die Geschäftsstrategien und -praktiken immer wieder an das sich wandelnde Umfeld angepasst werden.

Im Fremdwörterduden finden wir unter dem Stichwort „Vision“ folgende Erläuterungen:

> „Vision a) inneres Gesicht, Erscheinung vor dem geistigen Auge; b) optische Halluzination; c) in jmds. Vorstellung bes. in Bezug auf die Zukunft entworfenes Bild; visionär im Geiste geschaut; traumhaft; seherisch. Visionär, Geisterseher, Schwärmer".

Weil Begriffe unser Bild von der Wirklichkeit bestimmen, wird der Begriff „Vision“ häufig mit ekstatisch-schwärmerischen Utopien in einen Zusammenhang gebracht. Hier tut Differenzierung not: Während die Utopie einen als unausführbar geltenden Plan ohne reale Grundlage beschreibt, ist eine Vision eine zwar idealisierte, aber doch realisierbare Zukunftsvorstellung. Sie ist ein geistiges Bild einer möglichen und vor allem gewollten Zukunft, die sich im günstigsten Fall als gemeinsam geschaffenes, positives Vorstellungsbild über einen zukünftigen Zustand selbst erfüllt. Eine Vision ist mithin keine realitätsblinde Utopie, sondern ein durchaus realistisches Bild eines zukünftigen Zustandes.

Und darum bleibt festzustellen: Eines war und ist auch heute noch allen wirklich erfolgreichen Unternehmen gemeinsam:

- Sie haben eine gemeinsame Vision, auf die alle Beteiligten stolz sind.
- Die gemeinsame Vision enthält Werte, derer sich alle Beteiligten bewusst sind, und die von ihnen gelebt werden.
- Die Unternehmen haben ein echtes Anliegen, einen idealistischen Zweck, pathetisch gesprochen: Diese Firmen wollen einen Beitrag für die Welt leisten.
- Gemeinsames Handeln wird durch gemeinsame Überzeugungen gestützt.

- Die Vision oder Zielsetzung ist allen gleichermaßen bekannt, jeder kennt seine Rolle auf dem Weg zur Realisierung.

Matthias zur Bonsen schreibt in seinem Buch „Führen mit Visionen“:

> „Eine Unternehmensvision ist ein Vorstellungsbild davon, wie das Unternehmen und sein näheres Umfeld in Zukunft einmal sein sollen. Sie ist idealistisch und strategisch, erhaben und profan, altruistisch und egoistisch zugleich.
>
> Sie beschreibt einerseits das Ideal, das das Unternehmen erreichen will, das höchste Potenzial, das in ihm steckt, ein Unternehmen mit mehr Leben, Energie und Qualität, das hohe Werte lebt, begeisterte Kunden hat und ein großartiger Platz zum Arbeiten ist.
>
> Sie beschreibt andererseits, was das Unternehmen bei seinen Kunden und im Markt erreicht haben will, wie es gewachsen sein will und wie seine Leistungen einmal sein sollen. Die Vision zeigt, welchen Nutzen das Unternehmen für andere, zum Beispiel die Kunden und die Allgemeinheit, schaffen will, aber auch, welchen Nutzen es für sich selbst schaffen will, zum Beispiel ‚begeisterte Mitarbeiter', und Herausforderungen, die man irgendwann erreicht hat, sodass man dann wieder neue Herausforderungen braucht.
>
> Eine Unternehmensvision wird nicht gemacht, sondern entdeckt. Sie wird entwickelt. Sie entsteht dadurch, dass die Beteiligten in sich hineinhorchen und herausfinden, was sie wirklich wollen.
>
> Wie bei dem einzelnen Menschen ist die Vision bereits im kollektiven Bewusstsein des Unternehmens vorhanden. Denn die Menschen sind nicht zufällig dort zusammen (...). Es (das Unternehmen) ist im Grunde eine lebendige, eigenständige Persönlichkeit (...). Die Vision muss bewusst gemacht, formuliert und mit Energie aufgeladen werden. Bis sie so stark ist, dass sie trägt. Da sie authentisch ist, wird sie sich erfüllen."

• Der fundamentale Zweck eines Unternehmens

Im praktischen Teil dieses Kapitels beschäftigen wir uns mit der Frage, wie ein Unternehmen seine Vision kreieren und aus sich heraus entfalten kann. An dieser Stelle sei festgehalten: Bei einer Unternehmensvision ist es wichtig, genau hinzusehen und zu untersuchen, ob es sich tatsächlich um eine Vision handelt, oder eher um Leitbilder oder Strategien, die nicht die Wirkung von Visionen haben. Leitlinien sind ein halbherziger Versuch, eine Vision zu ersetzen, und beschränken sich letztendlich auf Klischees und Allgemeinplätze.

Eine Vision drückt aus, wofür ein Unternehmen steht, sie beschreibt das Warum und Weshalb der Existenz eines Unternehmen, sie begründet seinen Sinn und Zweck – und gewinnt so eine Bedeutung für die Menschen, und zwar für die Mitarbeiter und die Kunden. Sie bildet das „Dach" für die konkreten Ziele einer Unternehmung und ist zugleich handlungsanleitend.

Eine tragfähige Vision durchzieht das gesamte Unternehmen wie ein „roter Faden" und spiegelt sich in allen Tätigkeiten, Handlungen und Denkweisen einer Unternehmung wider. Die Vision und die daraus abgeleiteten Unternehmensgrundsätze finden sich auf den Etagen des Topmanagements ebenso wieder wie an den Schreibtischen eines jeden Mitarbeiters, wo sie ihre Motivations- und Inspirationskraft entfaltet.

- **Wertorientierung: Seele statt Rendite**

Eine Vision gründet auf zeitlosen Werten und Zielen, die die „Seele" des Unternehmens ausmachen – wer sich mit Visionen beschäftigt, wird nicht ohne Begriffe auskommen, die in dem üblichen Managementvokabular nicht vorkommen. Sie darf nicht allein ökonomisch ausgerichtet sein, nach dem Motto: „In fünf Jahren wollen wir mindestens fünf Millionen Umsatz machen". Sicherlich: Ohne Umsatz und Gewinn geht es nicht; aber eine Vision, die sich in Umsatz- und Gewinnstatistiken erschöpft, führt zum Scheitern, weil sie keine Vision ist.

Grundsatz 3: Jede Vision muss durch Strategie- und Zieleorientierung fundiert werden

Wenn eine Strategie nicht auf der Basis einer Vision entwickelt worden ist, wirkt sie eher wie ein ungeliebtes Pflichtenheft, durch das auf Mitarbeiter Druck ausgeübt wird.

Strategische Planung ohne Vision ist mithin weitgehend wertlos – aber eine Vision ohne umsetzungsorientierte Strategie ebenso. Die empirischen Untersuchungen von Collins und Porras – die zwei Autoren untersuchten die

Entwicklungsgeschichte visionärer Unternehmen wie etwa 3M, Ford, Motorola, Sony und Walt Disney und entwickelten daraus ein Modell visionären Managements – ergaben, dass in visionären Unternehmen die Unternehmensidee im Vordergrund stehe: Es kommt demnach weniger und nicht allein auf eine geniale Produktidee oder eine charismatische Unternehmer- und Managerpersönlichkeit an, die diesen Wert „verkündet". Wichtiger ist die auf Werten basierende grundlegende Vorstellung von der Existenzberechtigung und dem Zweck eines Unternehmens. Diese Vorstellung muss dann mit einer Strategieentwicklung kombiniert werden.

Im Idealfall lässt sich die Vision in eine kunden- und marktorientierte, zeitlos prägnante strategische Grundaussage fassen – so wie es mit „Vorsprung durch Technik" (Audi), „Freude am Fahren" (BMW) und „Partnerschaft im Unternehmen" (Bosch) durchaus gelungen ist.

Die Beispiele zeigen: Eine Vision ist auch immer eine ausformulierte Strategieverdichtung, in der der Auf- und Ausbau strategischer Wettbewerbsvorteile, die sich durch Kundenrelevanz, wahrnehmbaren Vorteil und Einmaligkeit auszeichnen, mitgedacht ist.

Wer – wie die SAK AG in unserem Beispiel – aus der Vision eine klare Unternehmensstrategie ableitet und daraus wiederum Ziele, die in Umsetzungsprojekte und -aktionen münden, dem gelingt es, dass die gesamte Organisation den Geist einer konsequenten, strukturierenden und handlungsanleitenden Zieleorientierung atmet. „Wer nicht weiß, in welchen Hafen er segeln will, für den ist kein Wind der richtige" – dieses Bonmot des Philosophen Seneca gilt auch für die Unternehmensführung.

• Zieleorientierung im Unternehmen

„Ziele", so der Managementberater Werner Siegert, „sind Wegweiser zum Erfolg". In seinem ganzheitlichen Modell, das Siegert in seinem Buch „Keine Treffer ohne Ziele. Ziele – Wegweiser zum Erfolg" ausführlich erläutert, wird zunächst einmal auf der Grundlage einer internen und einer externen Unternehmensanalyse das unternehmerische Credo entwickelt, das auf den Kernkompetenzen des Unternehmens beruht, ohne die Schwächen zu verschweigen.

Zur Verdeutlichung soll hier eine idealtypische Unternehmenszielsetzung aus dem Siegert-Buch – mit leichter Umarbeitung und Kürzung[1] – zitiert werden:

„Unternehmenszielsetzung

- Das Unternehmen Y GmbH verfügt gegenwärtig über folgende Kernfähigkeiten: <*Aufzählung*>.
- Dem Unternehmen kommen zudem folgende Kernvorteile gegenüber anderen Wettbewerbern zugute: <*Aufzählung*>.
- Das Unternehmen wird diese Fähigkeiten und Vorteile nutzen, um: <*Aufzählung der Grobziele*>.
- Den Fähigkeiten und Vorteilen stehen gegenwärtig folgende Kernschwächen gegenüber, die die Verwirklichung der Ziele behindern: <*Aufzählung*>.
- Das Unternehmen setzt in einem Zusatzpapier zu dieser Unternehmenszielsetzung terminierte Teilziele zur konsequenten Minderung oder Beseitigung dieser Schwächen.
- Das Unternehmen versteht sich als <*Kerngeschäfte nennen*>.
- Es erschließt also den Markt für <*Aufzählung*> und tritt dabei in direkten Wettbewerb zu den Anbietern für <*Aufzählung*>.
- Wir sind uns bewusst, dass das Unternehmen dabei folgenden Gefahren besonders ausgesetzt ist: <*Aufzählung*>.
- Wir sehen jedoch unsere besondere Chance darin, die gegenwärtig bestehenden Gefahren für unseren Erfolg <*Aufzählung*> zu beseitigen und dadurch einen besonderen Nachfragesog zu entwickeln.
- Das Unternehmen wendet sich vor allem an folgende Kunden: <*Aufzählung*> und sieht sich dabei folgenden Chancen und Engpässen gegenüber: <*Aufzählung*>.
- Wir sind uns bewusst, dass sich innerhalb von fünf/zehn Jahren die folgenden entscheidenden Fakten verändern: <*Aufzählung*>.
- Wir werden daher unsere Aufmerksamkeit auf folgende zukunftsgestaltende Maßnahmen und Innovationen richten: <*Aufzählung*>.

[1] Vollständiger Text: Siegert (2006), S. 75-78

- Daraus ergibt sich das folgende strategische Vorgehen: <*Aufzählung*>.
- Es ist der Wille des Unternehmens, diese Unternehmenszielsetzung zu verwirklichen. Wir bekennen uns dabei zu einer Unternehmenskultur, die von <*Aufzählung*> getragen wird und von hoher sittlich-ethischer Verantwortung gegenüber den Menschen im Unternehmen und in seinem Umfeld sowie gegenüber der Ökologie geprägt ist.
- Diese Unternehmenszielsetzung bindet ab <Datum> und wird überarbeitet, sofern sich fundamentale Veränderungen in den Voraussetzungen des unternehmerischen Wirkens ergeben."

Werner Siegert schlägt vor, diese ausführliche Unternehmenszielsetzung für bestimmte Gruppierungen – etwa die Mitarbeiter, die Öffentlichkeit oder auch die Kunden – zu modifizieren und sich dabei auf die für die jeweilige Gruppe relevanten Aussagen zu beschränken.

Das Siegert-Modell verdeutlicht sehr anschaulich, welche Sogkraft eine stringente Unternehmenszielsetzung entfalten kann. Jetzt ist es möglich, diese Zielsetzung herunterzubrechen auf:

- die Bereichszielsetzungen, etwa Marketing, Vertrieb, Service, Produktion, Forschung & Entwicklung, Personalwesen, Finanzierung und Controlling,
- die Abteilungsziele und schließlich
- die Ziele der individuellen Mitarbeiter.

Grundsatz 4: Wer Unternehmensziele erreichen will, braucht kompetente Mitarbeiter – und darum Kompetenzdiagnostiktools und Kompetenzprofile der Mitarbeiter

Erinnern wir uns an das Beispiel der SAK AG. Um die Unternehmensstrategie, auch im freien Markt erfolgreich zu sein und die Konkurrenzfähigkeit und das Standortmarketing für die Industrie zu verbessern, umzusetzen, wurden die dazu notwendigen Kompetenzen der Führungskräfte und Mitarbeiter definiert. Daraus schließlich leitete das Energieverteilunternehmen seine HR-Praxis ab. Das heißt: **Kompetenzmodelle übersetzen zunächst Unternehmensstrategie in HR-Praxis.**

Die Frage aller Fragen lautet jedoch: Welche Kompetenzen genau tragen zum Erreichen der Unternehmenszielsetzung bei? Hier helfen Kompetenzdiagnostiktools – einige wenige sind auch dem deutschsprachigen Markt bekannt wie beispielsweise ASSESS by Scheelen® – weiter. Natürlich gibt es auch andere Möglichkeiten, die Kompetenzen zu evaluieren. In Assessments und Managementaudits, in Gesprächen, mit Fragebogen und mit EDV-gestützten Systemen wird versucht, den Kompetenzen einer Führungskraft oder eines Mitarbeiters auf die Spur zu kommen.

Allerdings wird dabei oft vergessen: Kompetenzmessung sollte die Erwartungen des Unternehmens berücksichtigen. Es geht nicht nur darum, die Kompetenzen einer Führungskraft festzustellen. Die Kompetenzen müssen immer in einen Zusammenhang mit den unternehmerischen Zielen und Erwartungen gestellt werden.

Das Unternehmen stellt den Anspruch an die Menschen, über bestimmte Kompetenzen zu verfügen, damit Unternehmensziele realisiert werden können. Denn es genügt nicht, die vorhandenen Kompetenzen des – zum Beispiel – Marketingleiters zu kennen; sie müssen auf das Kompetenz-Anforderungsprofil der Position passen. Welche Kompetenzen sind nötig, damit der Marketingleiter dazu beiträgt, Unternehmensziele zu erreichen?

> Diese Entwicklung bei der Kompetenzmessung schlägt sich in der folgenden Definition nieder, die dem Kompetenzdiagnostiktool ASSESS zugrunde liegt: „Eine Kompetenz ist die Summe aller Fähigkeiten, Fertigkeiten, Kenntnisse, Persönlichkeits- und Verhaltensmerkmale, die als Grundlage dienen, um eine Funktion in einer Organisation erfolgreich und effektiv so zu erfüllen, dass damit die Erreichung von strategischen Unternehmenszielen unterstützt wird."

Das heißt:

- Bei den Stärken sind die Leistungstreiber der Führungskraft zu beachten: „Welche Kompetenzen sind es, die sie in die Lage versetzen, zur Verwirklichung der Unternehmensziele beizutragen?"
- Bei den Schwächen hingegen stehen die kritischen Erfolgsfaktoren im Mittelpunkt: „Welche Kompetenzen müssen aufgebaut werden?"

Der größte Vorteil dieser Kompetenzdefinition liegt darin, dass Defizite und Schwächen nicht mehr allein an die Person, das Individuum und die Persönlichkeit eines Menschen gebunden sind. Es sind vielmehr immer die Unternehmensziele und die Frage, ob eine Kompetenz hilft, sie zu erreichen, die darüber entscheiden, ob eine Kompetenzlücke vorliegt – oder nicht – und mithilfe geeigneter Qualifikationsmaßnahmen geschlossen werden muss.

Ein weiterer Vorteil: So können auch das Verhalten und das Persönlichkeitsprofil der Menschen in deren Kompetenzbeschreibung integriert werden. Denn strategische Unternehmensziele müssen auch immer in diejenigen Verhaltensweisen der Menschen übersetzt werden, die zur Zielerreichung beitragen.

Ein Beispiel: Wenn sich das Unternehmen zur lernenden Organisation entwickeln möchte, definiert die Geschäftsleitung die gewünschten Verhaltensweisen und Persönlichkeitseigenschaften, Fähigkeiten und Kenntnisse, die den Führungskräften helfen, diese Ziele zu verwirklichen – etwa: „Welche Verhaltensweisen unterstützen uns dabei, uns zur lernenden Organisation mit einem professionellen Wissensmanagement zu entwickeln?"

• Von Taylor über McClelland bis heute

Die Wurzeln solcher Kompetenzprofile gehen bis in das frühe 20. Jahrhundert zurück, als Frederick Taylor, der Vater der Managementtheorien der 20er Jahre, dafür plädierte, dass Sozialwissenschaftler das Verhalten eines Mitarbeiters in seine Komponenten herunterbrechen, um es so besser zu verstehen.

Erfolg im Beruf wird am ehesten verstanden, wenn er in die einzelnen Komponenten von Kompetenzen und Verhalten aufgeschlüsselt wird, die zu der gewünschten Leistung führen. Die Popularisierung der Kompetenzprofile am Arbeitsplatz geht auf David McClelland, den Gründer des Unternehmens Hay-McBer, zurück, der in den 70er Jahren mit der United States Information Agency zusammengearbeitet hat.

In seiner Forschung definierte er die Einstellungen und die Verhaltensweisen von herausragenden Offizieren. Die United States Information Agency konnte so die Personalauswahl auf Grundlage relevanter und vor allem **berufsbezogener Eigenschaften** treffen, anstatt ausschließlich übliche Standardtests, wie den IQ-Test, zu nutzen.

Er und sein Team führten ausführliche Interviews mit „herausragenden" und „guten, aber nicht herausragenden" Kandidaten durch und konzentrierten sich dabei auf Verhaltenseinflüsse sowohl mit guten als auch schlechten Ergebnissen. Er stellte fest, dass Eigenschaften wie soziale Sensibilität und politische Meinung Schlüsselkriterien waren. Er validierte diese Ergebnisse, indem er Kennzahlen für diese Kompetenzen entwickelte und sie gegen die Leistung im Job evaluierte. Später publizierte McClelland seine Ergebnisse und plädierte für den kontinuierlichen Einsatz von Kompetenzprofilen bei der Personalauswahl.

Seine Maßgabe war: „Falls Sie testen wollen, wer ein guter Polizist sein wird, dann finden Sie zuerst heraus, was ein Polizist tut. Folgen Sie ihm, erstellen Sie eine Liste seiner Aktivitäten und legen Sie diese Liste bei der Selektion der Bewerber zugrunde"[2].

- **Nutzen der kompetenzbasierten Personalauswahl und -entwicklungsprozesse**

Kompetenzmodelle haben vielfältige Vorteile. Sie definieren die Erwartungen an die Arbeit und bieten für die Gesprächspartner eine Verständigungsplattform über Funktionen, sogar über das Unternehmen hinweg. So gesehen legen sie verbindliche Standards fest.

Umgekehrt nutzen Human-Resources-Abteilungen gerne diese systematische Herangehensweise, um die Personalauswahl und die Personalentwicklung kontinuierlicher und passgenauer zu gestalten. Die Personalauswahlprozesse sind effektiver und zielgerichteter, wenn jede Sequenz im Personalauswahlprozess so entwickelt wurde, dass eine oder mehrere für den jeweiligen Job notwendigen Kompetenzen bewertet werden.

Beispielsweise unterstützen vorher definierte Kompetenzen die Personalentscheider darin, potenzielle Kandidaten zielgerichtet zu suchen und zu bewerten. Und die Unternehmen erhalten eine Hilfestellung dabei, diejenigen Assessments und Interviews auszuwählen, zu entwickeln und zu nutzen, die für diese Stelle angemessen sind.

---

[2] Vgl. Lucia, Lepsinger (1993); McClelland (1973)

Kompetenzbasierte Personalauswahl erleichtert also die Mitarbeiterfindung ganz erheblich – damit werden wir uns im fünften Kapitel vor allem im Rahmen des Talentmanagements ausführlicher beschäftigen. Nur so viel sei hier schon gesagt: Wer die Kompetenzen, die eine Firma benötigt, um ihre Ziele zu erreichen, zur Grundlage der Mitarbeiterfindung und Personalauswahl erhebt, geht sehr viel effektiver vor als Unternehmen, die hier das Prinzip Zufall walten lassen.

Alle diese Komponenten ermöglichen sowohl eine höhere Sicherheit bei Personalauswahlkriterien als auch eine höhere Wahrscheinlichkeit, den besten Kandidaten oder die beste Kandidatin für eine Position auszuwählen. Bei Mitarbeitern können durch den Abgleich aktueller und zukünftig erforderlicher Kompetenzen Entwicklungspotenziale und -notwendigkeiten festgestellt und so zielgerichtet und effizient gefördert werden. Somit ist es mit Kompetenzmodellen auch möglich, das Talentmanagement zu forcieren und im Kampf um die immer rarer werdenden qualifizierten Köpfe, also im „War for Talents", zu punkten.

Kurzum, Kompetenzen haben letztendlich einen hohen Einfluss auf die Geschäftsergebnisse[3].

Sowohl innerhalb der Personalauswahl als auch der -entwicklung bedeutet Kompetenz auf einem Gebiet, dass dies ein Ergebnis vieler miteinander verknüpfter Faktoren ist. Diese Faktoren umfassen angeborene Charaktereigenschaften (natürliche Fähigkeiten, Persönlichkeit) und erworbene Eigenschaften (Wissen, Erfahrung und Fertigkeiten), wie die Abbildung 2 zeigt. Diejenigen, die für diese Stelle über die richtigen Kompetenzen bereits verfügen oder das Potenzial besitzen, diese zu entwickeln, werden eher die richtigen Dinge tun (Verhalten), um die gewünschten Ergebnisse zu erzielen (effektive Ergebnisse).

[3] Vgl. Spencer, Spencer (1993)

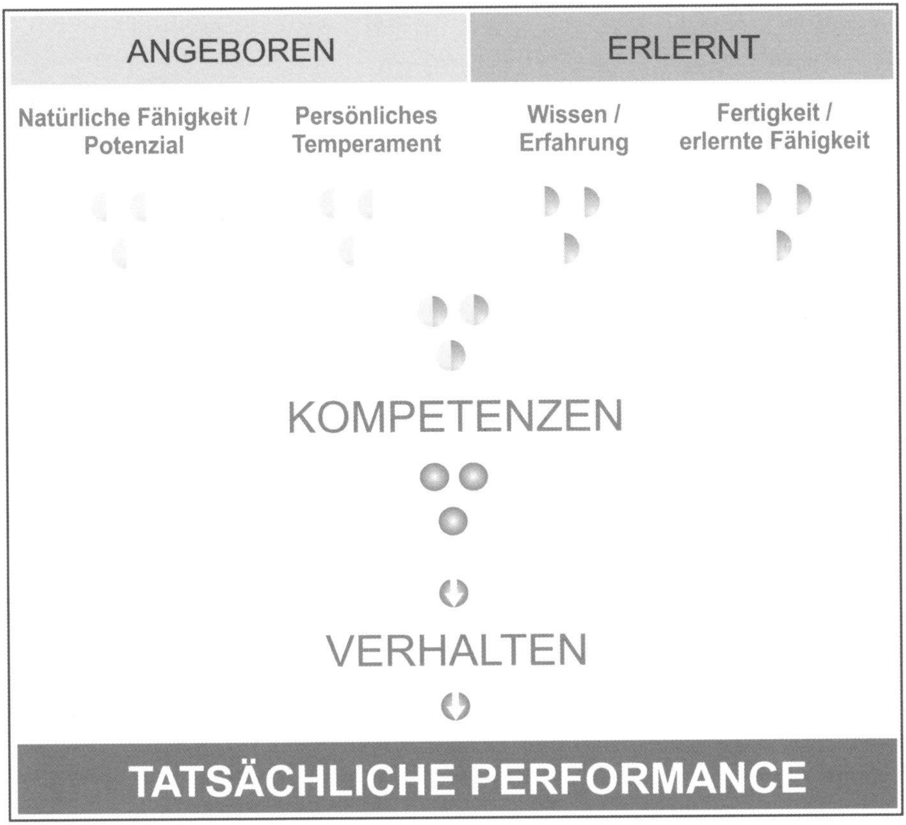

Abb. 2: Kompetenz ist das Ergebnis vieler zusammenwirkender Faktoren

Im dritten Kapitel wird daher ein Kompetenzdiagnostiktool ausführlich vorgestellt, das jene Kompetenzdefinition zur Grundlage hat. Das Tool stellt einem Unternehmen ein Set an Kompetenzen und Verhaltensweisen zur Verfügung, aus dem sich jobrelevante Kompetenzprofile erstellen lassen. Wie dies funktioniert und zur Unternehmensentwicklung beiträgt wird dort erläutert.

Grundsatz 5: Der Mensch muss im Mittelpunkt stehen: Kompetenzorientierte Weiterbildung

Der dargestellte Kompetenzbegriff muss immer zweidimensional gesehen werden – man kann auch von der „Bipolarität des Kompetenzbegriffs" sprechen. Was heißt das?

Zum einen hat das Unternehmen das Recht und die Verpflichtung, diejenigen Menschen einzustellen, deren Fähigkeiten dazu beitragen, die Unternehmensziele zu erreichen. Das heißt auch, dass es sich durchaus von denjenigen Mitarbeitern trennen sollte und trennen darf, die über diese Kompetenzen nicht verfügen. Natürlich kann es die Kompetenzlücken aber auch durch entsprechende Weiterbildungsmaßnahmen zu schließen versuchen.

Das interne Talentmanagement, firmeninterne Schulungsmaßnahmen, die Personalpolitik, das Einstellungsprozedere bei der Besetzung vakanter Stellen – immer muss und darf das Unternehmen die Kompetenzfrage stellen, wie auch das SAK-Beispiel belegt.

Auf der anderen Seite haben die Führungskräfte und die Mitarbeiter, haben die Menschen im Unternehmen ein Recht auf kompetenzorientierte Weiterbildung, weil sie so ihre Talente und Fähigkeiten am Arbeitsplatz optimal einsetzen können. Die Menschen im Unternehmen sind keine bloßen Rädchen im Getriebe, die zu funktionieren haben. Immerhin stellen sie ihre Fähigkeiten, ihre Talente, ihre Kompetenzen zur Verfügung und haben einen Anspruch darauf, dass diese Fähigkeiten, Talente und Kompetenzen optimal zu der Stelle passen, die sie bekleiden. Ist das nicht der Fall – und liegen die Gründe dafür außerhalb der Verantwortung des Mitarbeiters –, muss durch Weiterbildungsmaßnahmen diese Übereinstimmung hergestellt werden.

Das Konzept der kompetenzorientierten Unternehmensentwicklung hat den großen Vorteil, beiden Seiten gerecht zu werden. Das Bindeglied ist die kompetenzorientierte Weiterbildung. Sie garantiert, dass das Unternehmen mit denjenigen Menschen arbeiten kann, die es braucht, um seine Ziele zu erreichen. Und die Menschen können sich so weiterentwickeln, dass ihre Werte und Fähigkeiten zur Stelle passen und sich am Arbeitsplatz entfalten können.

Und was gibt es Effektiveres – und für die Menschen Befriedigenderes und Motivierenderes –, als wenn:

- jede Stelle im Unternehmen mit Menschen besetzt ist, die bestens dafür geeignet sind, und
- jeder dieser Menschen weiß, dass er seine Werte, seine Persönlichkeit und seine Fähigkeiten am Arbeitsplatz ausleben kann – und soll, damit so die Unternehmensziele realisiert werden können!

Das bedeutet: Die kompetenzorientierte Unternehmensentwicklung leistet einen existenziellen Beitrag zu einer Entwicklung, die wir den „Megatrend Mensch®" nennen.

• Mit Megatrend Mensch® zum Unternehmenserfolg

Der Erfolg eines Unternehmens hängt immer von den Produkten, den Dienstleistungen, den Innovationen, den optimierten Entwicklungs- und Produktionsprozessen ab. Entscheidend aber ist, dass es den Firmen gelingt, motivierte Menschen und loyale Mitarbeiter an sich zu binden, die sich voll und ganz und aus innerer Überzeugung dafür einsetzen, die Unternehmensziele und ihre eigenen Ziele zu verwirklichen, ja, die die Unternehmensziele zu den ihren machen.

Engagierte Menschen, die für das Unternehmen nicht nur wegen des guten Gehalts arbeiten, sondern auch wegen der Werte, die es repräsentiert, sind der große Engpassfaktor der Zukunft.

Das bedeutet: Mitarbeiterentwicklung wird zur strategischen Aufgabe der Unternehmensführung. Dabei gilt: Es geht weniger um Mit-Arbeiter, sondern um Menschen, die gemeinsam mit ihren jeweiligen Führungskräften am Unternehmenserfolg arbeiten, also als Mit-Unternehmer Zukunft aktiv gestalten wollen.

Und damit kommen wir zurück zu der Kernaussage von Grundsatz 5:

- Unternehmen stellen dann den Menschen in den Mittelpunkt – und werden damit dem Megatrend Mensch® gerecht –, wenn sie ihm durch kompetenzorientierte Weiterbildung erlauben, sich am Arbeitsplatz im Sinne seiner Talente und Begabungen weiterzuentwickeln.
- Megatrend Mensch® heißt, dass die Unternehmensentwicklung und die Entwicklung der menschlichen Potenziale und Ressourcen strikt aufeinander bezogen, ja identisch sind.

Lassen Sie uns an einem weiteren Fallbeispiel zur Kompetenz- und Persönlichkeitsdiagnostik in der unternehmerischen Praxis den ursächlichen Zusammenhang zwischen Menschen-/Mitarbeiterorientierung sowie kompetenzorientierter Unternehmensentwicklung veranschaulichen.

Fallbeispiel:
Menschen mit einem Bewusstsein für ihre Kompetenzen leisten mehr

Für die Menschen an der Spitze der RULAND Engineering & Consulting GmbH sind die Mitarbeiter das entscheidende Alleinstellungsmerkmal. Produkte sind – bei aller Innovationskraft und Qualität – austauschbar. „Immer sind es die Menschen, die den entscheidenden Unterschied zum Wettbewerber ausmachen" – davon ist RULAND überzeugt. Der erfolgreiche Anlagenbauer aus Neustadt an der Weinstraße nutzt seit 2004 die Instrumente der SCHEELEN® AG, um die Weiterentwicklung der Mitarbeiter voranzubringen.

„Es gibt nichts Wertvolleres als unsere Mitarbeiter. Unsere Mitarbeiter sind unser höchstes Gut" – das ist die Grundüberzeugung von Günter Ruland. Er ist Gründer und Geschäftsführer des international agierenden Familienunternehmens RULAND, das Prozessanlagen für die Branchen Lebensmittel, Getränke, Pharmazie und Chemie baut.

Für die RULAND GmbH bedeutet der Megatrend Mensch®: Wer die Vision leben will, einzigartige Maßstäbe zu setzen, wer sich der Mission verpflichtet hat, höchste Qualität für anspruchsvolle Kunden zu liefern, braucht engagierte, kompetente und starke Mitarbeiter. Und er ist auch bereit, die Menschen im Unternehmen mit etablierten und erfolgreichen Instrumenten der Personalentwicklung und Personalauswahl kontinuierlich besser zu machen und sie bei ihrer beruflichen und persönlichen Weiterentwicklung zu unterstützen.

Die RULAND GmbH blickt auf ein rasantes Wachstum zurück. Aus den sieben Mitarbeitern des Jahres 2000 sind mittlerweile an die 320 Menschen geworden, Tendenz steigend. In Riesenschritten geht es mit der Internationalisierung voran – derzeit unterhält die Firma Geschäftsbeziehungen mit über 60 Ländern. Darum sagt Günter Ruland: „Wir wollen die Besten und wir brauchen die Besten, um unsere Unternehmensziele zu erreichen und unsere Vision mit Leben zu füllen. Unser Maßstab ist die Zufriedenheit unserer Kunden. Menschen, denen bewusst ist, wie stark sie sind, leisten noch viel mehr. Die bewusste Stärke des Einzelnen stärkt das Unternehmen."

Dabei helfen dem Anlagenbauer aus der Pfalz zwei Instrumente der Scheelen® AG: das Persönlichkeitsdiagnosetool INSIGHTS MDI® sowie ASSESS – also eben das Instrument, um Kompetenzen und Persönlichkeitsmerkmale zu messen und auszubauen.

Sich selbst und andere Menschen besser verstehen

INSIGHTS MDI® und ASSESS sind bei RULAND in den letzten Jahren immer wieder eingesetzt worden. Zum einen, damit sich die Führungskräfte und Mitarbeiter selbst besser einschätzen können. Zum anderen, um die Verhaltensausprägungen, Werte und Kompetenzen von Mitarbeitern, Teammitgliedern und Bewerbern zu beurteilen.

„Eine Firma besteht aus Menschen, ein Team besteht aus Individuen, die oberste Aufgabe einer Führungskraft ist nicht die Optimierung anonymer Prozesse, sondern der Umgang und das Führen von Mitarbeitern. Führen heißt menschliche Probleme lösen", zeigt sich RULAND-Geschäftsführer Jürgen Kutzer überzeugt. Wenn die Führungskraft weiß, welche Präferenzen ihr Verhalten bestimmen, wenn sie beurteilen kann, wie andere Menschen ticken und wie sie auf andere wirkt, kann sie mitarbeiterorientiert kommunizieren, sich in andere Menschen hineinversetzen und Führungs- und Motivationsprozesse optimieren.

Aber lässt sich ein Mensch mithilfe einer Typologie, die einige wenige Verhaltensstile beschreibt, angemessen einschätzen? Die Erfahrung, gewonnen auch bei der Betreuung der RULAND GmbH, zeigt: Ja – zumindest solange der Anwender jene Einschätzung als sinnvolle Ergänzung zu persönlichen Gesprächen und individuellen Eindrücken ansieht.

Mit Typologien Teams optimieren

„Vor allem bei der Selbsteinschätzung hapert es bei den meisten Menschen", hat Jürgen Kutzer beobachtet, „hier liefert das INSIGHTS MDI®-Instrumentarium enorme Hilfestellung, indem es uns einen Spiegel vorhält und zu neuen Selbsterkenntnissen führt." Das Persönlichkeitsdiagnostiktool unterscheidet vier Haupttypen, die mit einprägsamen Farben beschrieben werden:

- den feuerroten dominanten Macher,
- den sonnengelben initiativen Inspirator,
- den erdgrünen geduldigen Beziehungstypen und
- den eisblauen gewissenhaften Analytiker.

Daneben existieren Mischtypen, die zu einer Differenzierung von acht modernen Rollenbildern führen, die diese Typen im Berufsalltag gerne übernehmen: Direktor, Motivator, Inspirator, Berater, Unterstützer, Koordinator, Beobachter und Reformator.

Günter Ruland beschreibt den Nutzen: „Wenn ich weiß, dass der Grundstil eines Mitarbeiters der des gewissenhaften Analytikers ist, kann ich seine Stärken und Schwächen einschätzen, ihm diejenigen Aufgaben übertragen, die er gut erfüllen wird, und seine Reaktionen in Krisensituationen besser nachvollziehen." Überdies fällt die Teamzusammenstellung leichter – für kein Team ist es von Vorteil, wenn dort nur Macher- oder nur Beziehungstypen sitzen. „Die richtige Mischung und die Balance sind entscheidend", merkt der RULAND-Chef an.

Kompetenzen als Richtschnur

Durchbrüche im Führungskräftebereich erzielt RULAND schließlich mit dem Kompetenzdiagnostiktool ASSESS. Mit diesem Tool lässt sich – wie bereits ausgeführt – feststellen, welche Kompetenzen die Führungskräfte benötigen, um definierte und klar beschriebene Unternehmensziele zu erreichen. Es misst also die Stärken und kritischen Erfolgsfaktoren bei einem Menschen im Hinblick auf deren Bedeutung für die Erreichung der strategischen und operativen Unternehmensziele.

Mit den Werten „Offenheit/Ehrlichkeit, Partnerschaft, Zusammengehörigkeit, Optimismus, Verantwortungsbewusstsein und Kontinuität" haben die RULAND-Verantwortlichen sechs Führungsleitlinien erarbeitet, die mit bestimmten Kompetenzen verbunden werden. Diesem Soll-Zustand wird der Ist-Zustand gegenübergestellt. Danach wissen sie, über welche der benötigten Kompetenzen eine Führungskraft in welchem Ausprägungsgrad verfügt.

„Es geht uns um kompetenzbasierte Personalentwicklung", betont Jürgen Kutzer, „die analysierten Kompetenzlücken zwischen Ist- und Soll-Zustand schließen wir mit punktgenauen und damit sehr effektiven Weiterbildungsmaßnahmen."

Die richtigen Führungskräfte auswählen

Die personell expandierende Firma kann mithilfe der Kompetenzmodelle zudem Führungskräfte einstellen, die gut ins Unternehmen passen – fachlich und auch menschlich: „Wir haben eine kaum messbare Fluktuation in unserer jungen und international ausgerichteten Belegschaft", berichtet Günter Ruland stolz. „So gelingt es uns, dass die Belegschaft unsere Vision, unsere Mission und die RULAND-Werte mitträgt."

Für vakante Positionen liegen Jobprofile vor, die unter der strategischen Langzeitperspektive entwickelt worden sind. Denn es gilt, auch in Zukunft große Projekte zu stemmen und die entsprechenden personellen Herausforderungen zu bewältigen. Neue Niederlassungen entstehen, Tochterfirmen kommen hinzu, neue Mitarbeiter müssen in die Unternehmenskultur integriert werden.

„Wenn eine Firma hinzukommt, sind die menschlichen Probleme die größten Stolpersteine", lautet die Erfahrung von Familienunternehmer Günter Ruland, „es gibt zum Teil heftige Mentalitätsunterschiede. Die Tools zur Persönlichkeitsdiagnostik und Kompetenzeinschätzung helfen, Verständnis füreinander, Vertrauen und gegenseitigen Respekt aufzubauen." Dies ist wichtig, weil das Unternehmen aufgrund der internationalen Ausrichtung verstärkt länderspezifische Besonderheiten in die Führungskultur einbauen will.

Das RULAND-Fallbeispiel exemplifiziert, dass der Wille, den Menschen am Arbeitsplatz die Möglichkeit zu geben, sich ganzheitlich zu entwickeln, gemeinsam mit den Tools zur Persönlichkeitsdiagnostik und Kompetenzeinschätzung hilft, Verständnis füreinander, Vertrauen und gegenseitigen Respekt aufzubauen. Menschen und Unternehmen gewinnen auf der ganzen Linie:

- Die Arbeitszufriedenheit steigt,
- das Betriebsklima erhellt sich,
- die Betriebsergebnisse stimmen und
- das Unternehmen wächst und gedeiht.

Zwischenfazit: Kompetenzorientierte Unternehmensentwicklung und Weiterbildung ermöglichen Unternehmenswachstum in verschiedenen Bereichen

Die Arbeit an der Unternehmensentwicklung mit Kompetenzmodellen weist viele Vorteile auf:

- Jetzt ist die punktgenaue Abstimmung der Weiterbildungsprogramme auf das Unternehmensziel und den konkreten Weiterbildungsbedarf der Mitarbeiter möglich.
- Weiterbildung kann in die zentralen Geschäftsprozesse des Unternehmens integriert werden.
- Die konsequente Ausrichtung der Weiterbildung an den Unternehmenszielen ist gegeben.
- Eine Optimierung der Teamarbeit ist möglich, weil nun mithilfe des Kompetenzgedankens ein Team zusammengestellt werden kann, in dem Teammitglieder sitzen, deren Kompetenzen und Persönlichkeitsprofile sich kongenial ergänzen.
- Die individuelle, aber dennoch bedarfsabhängige Weiterbildung jedes einzelnen Mitarbeiters ist möglich, denn nun kann auf das Kompetenzprofil des High Performers, des eher durchschnittlichen Mitarbeiters und auch des leistungsschwachen Low Performers punktgenau eingegangen werden.
- Die Berufseignungsdiagnostik und das Bewerbungsmanagement können verbessert werden.
- Das unternehmensinterne Talentmanagement erfährt eine Optimierung.

Praktischer Teil: Visionsentwicklung und Strategieerarbeitung

Unternehmens- und Personalentwicklung aus einem Guss hat zur Voraussetzung, dass eine Unternehmensvision existiert, aus der eine Unternehmensstrategie und schließlich konkrete Unternehmensziele abgeleitet werden. Im Folgenden dazu einige umsetzungsorientierte Hinweise.

Die Vision entdecken: Die Retropolation

Eine Vision bewegt sich stets im Spannungsfeld zwischen Ist-Zustand und Soll-Zustand, zwischen Gegenwart und Zukunft. Eine Technik, mit der man diesem Spannungsfeld gerecht werden kann, ist die „Retropolation". Bei dieser Technik lösen sich die Visionsentwickler von den heutigen und gegenwärtigen Strukturen, unternehmen eine Zukunftsreise und entwickeln ein Fernziel, also einen Soll-Zustand, den sie auf die Gegenwart zurückbeziehen. Alsdann können Maßnahmen festgelegt werden, die dazu führen, von dem Ist-Zustand zu dem Soll-Zustand zu gelangen, also das Bild, das man in seiner Vorstellung von der Zukunft gemalt hat, zu verwirklichen.

Bei der Retropolation kann zum Beispiel die Szenariotechnik Anwendung finden – sie hilft, realistische, weil aus der gegenwärtigen Situation abgeleitete, mögliche und alternative Zukunftsbilder zu entwickeln. Dabei stehen die folgenden Schritte an:

- Ist-Analyse der Unternehmenssituation,
- Visionserarbeitung; mithilfe der Retropolation werden Ziele und Unternehmensgrundsätze abgeleitet und formuliert,
- Maßnahmenkatalog; hier werden Maßnahmen zur Realisierung der Vision festgelegt und formuliert,
- Commitment-Vereinbarungen; alle am Visionsprozess beteiligten Führungskräfte und Mitarbeiter verständigen sich auf die Verbindlichkeit der Vision, der Unternehmensgrundsätze und des Maßnahmenkatalogs.

Fragen und Anregungen wie die hier gelisteten helfen den Visionsentwicklern, die Vision zu formulieren:

- Wo steht das Unternehmen in zwei, fünf und zehn Jahren?
- Die Visionsentwickler sollten sich dabei über die folgenden Details Gedanken machen:
  - In welchen Märkten agiert das Unternehmen?
  - Über welche Kapitalstruktur verfügt es?
  - Was für Produkte/Dienstleistungen produziert oder vertreibt es?
  - Wie viele Mitarbeiter arbeiten für das Unternehmen?
- Wie lautet die Vision? Wie sieht das ideale zukünftige Bild des Unternehmens aus?
- Die Visionsentwickler sollten die Vision in positiven Worten und im Präsens – also so, als ob die Vision bereits verwirklicht wäre – formulieren: „Wir sind …“, „Wir haben …“ usw.
- Dann muss ein Satz gefunden werden, der als Visionsaussage die Essenz des unternehmerischen Zwecks beinhaltet. Beispiele sind: BMW und die „Freude am Fahren“ oder bei TOYOTA „Nichts ist unmöglich“ oder „Wir machen den Weg frei“ (Volksbanken).
- Warum ist es erstrebenswert, diese Vision zu erreichen? Jetzt notieren die Visionsentwickler alle emotionalen Gründe, denn ohne diese innere Kraft ist es aussichtslos, eine Vision zu verwirklichen.
- Wie kann die Vision in die Realität umgesetzt werden?
- Welche Fähigkeiten, Kenntnisse und Kompetenzen der beteiligten Visionsentwickler helfen dabei, die Vision zu verwirklichen?
- Welche Personen, Institutionen und Organisationen können das Unternehmen unterstützen, die Vision zu realisieren?
- Welche Hürden und Hindernisse gibt es? Was oder wer könnte die Verwirklichung der Vision auf welche Art und Weise ausbremsen? Was lässt sich dagegen tun?
- Welcher fundamentale Zweck, welche Mission lässt sich aus der Vision ableiten?
- Wie können der Kunde und seine Erwartungen in die Vision integriert werden? Und: Was bedeutet die Vision für die Beziehung zu den Kunden?

- Wie können die Mitarbeiter und die externen Partner des Unternehmens – etwa die Lieferanten – und ihre Erwartungen in die Vision integriert werden?
- Welche konkreten Aktivitäten zur Realisierung müssen in den nächsten zwölf Monaten eingeleitet werden?

Fallbeispiel: Die Vision eines Möbelhauses

Am Beispiel eines Möbelhauses werden die kunden- und marktorientierte Vision und die daraus abgeleiteten Unternehmensgrundsätze dargestellt. Die Unternehmensgrundsätze nehmen dabei immer Bezug auf die Wirkung, die die Vision auf den Unternehmenszweck, die Beziehung zu den Kunden und den Mitarbeitern, die Produkte und Leistungen des Unternehmens, die Sicherung des Unternehmens und der Arbeitsplätze, die Beziehung zu den Partnern von außen und das Verhältnis zu Umfeld und Natur ausüben soll:

- *Vision*: Unser Möbelhaus 2015: „Wir sorgen dafür, dass sich unsere Kunden beim Wohnen einfach wohlfühlen. Wir sind bei allen Kunden die erste Wahl durch Kundenfreundlichkeit und optimalen Service."
- *Zweck des Unternehmens*: „Unser gesamtes Denken und Handeln ist darauf ausgerichtet, unseren Kunden ihre optimale Einrichtung zu verschaffen. Das Wachstum unseres Marktanteils um 5 Prozent betrachten wir als eine folgerichtige Konsequenz dieser Ausrichtung. In unserer Arbeit berücksichtigen wir immer die Vielfältigkeit der Lebensstile unserer Kunden. Unsere Arbeitsweise als Familienunternehmen verbindet Kreativität und Ideenreichtum mit Werten wie Tradition, Zuverlässigkeit und Vertrauen."
- *Beziehung zu Kunden*: „Unser Ziel ist es, mehr zu leisten, als unsere Kunden von uns erwarten. Mithilfe unserer Sortimentsgestaltung und unserer kompetenten Beratung bringen wir Farbe in das Leben unserer Kunden."
- *Beziehung zu Mitarbeitern*: „Das gemeinsame Ziel wird in fairer, kooperativer und freundschaftlicher Zusammenarbeit erreicht. Wir fordern und fördern kreative Mitarbeiter, die bereit sind, sich innerhalb großer Freiräume gemeinsam mit dem Unternehmen zu entwickeln."
- *Produkte und Dienstleistungen*: „Unsere Einrichtungsprodukte repräsentieren den jeweiligen Lifestyle. Unsere Beratung berücksichtigt stets die individuelle Lebenssituation unserer Kunden. Unsere Beratungs- und Serviceleistungen sind überdurchschnittlich gut."
- *Sicherung des Unternehmens und der Arbeitsplätze*: „Unsere Planung und operative Umsetzung ist durch ein strategisches Vorgehen gekennzeichnet. Dabei orientieren wir uns an vier Dimensionen: Mitarbeiterzufriedenheit, Kundenzufriedenheit, Lernfähigkeit des Unternehmens und Bilanz des Unternehmens. Unser Ziel ist es, gemessen am Markt, überdurchschnittlich zu wachsen."

- *Beziehung zu Partnern von außen*: „Wir sind ein verlässlicher und fairer Partner mit langfristiger Bindung zum Nutzen beider Seiten."
- *Verhältnis zu Umfeld und Natur*: „Wir führen einen offenen Dialog mit der Öffentlichkeit und informieren über unseren aktiven Umweltschutz. Bei der Entsorgung von Möbeln bieten wir eine außerordentliche Leistung."

Vision und Unternehmensleitsätze bilden im Kern die Unternehmensidee und den Zweck des Möbelhauses ab und stehen zur Verfügung, um in konkrete strategische Ziele und Aktionen umgesetzt zu werden.[4]

• Das Kerngeschäft feststellen

Entscheidend für die Visions- und Strategieentwicklung sowie die Zielformulierungen ist die Beantwortung der folgenden Fragen:

- In welcher Branche ist das Unternehmen tatsächlich tätig?
- In welchen Märkten bewegt sich das Unternehmen?
- Welche Bedürfnisse befriedigen unsere Produkte und Dienstleistungen?

Nun sollte man vermuten, dass das Wissen um das Kerngeschäft doch eine Selbstverständlichkeit in der unternehmerischen Welt ist. Kann man sich überhaupt ein Unternehmen vorstellen, das nicht weiß, in welcher Branche es sich tummelt? Ja, dies ist mehr als nur denkbar!

Werner Siegert gibt dazu ein Beispiel: Wer auf die Frage, in welcher Branche er sich aufhält, antwortet: „Wir sind ein Hersteller von Schrauben!", sollte bedenken, dass dies viel zu eng gefasst ist. Richtiger wäre: „Wir produzieren Befestigungselemente und lösen Befestigungsprobleme. Unser Markt ist der Markt für Befestigungen." So erkennt der Unternehmer, dass seine Konkurrenten auch in der Klebemittelindustrie zu finden sind, und dass Befestigungsprobleme auch anderswo auftreten, etwa in der Chirurgie, im Flugzeugbau oder auf dem Heimwerkermarkt.

Das heißt: Durch die tiefgründigere und letztendlich richtigere Antwort auf die Ausgangsfrage ergeben sich Schlussfolgerungen im Hinblick auf die Breite des Marktes, die eigentlichen Bedürfnisse der potenziellen Kunden und die Vielfalt der Markt- und Expansionschancen.

---

[4] Vgl. Hans (2003), S. 104-105

Anderes Beispiel: Die Formulierung „Wir drucken und vertreiben Fachbücher!“ ist eine unzureichende Beantwortung der Frage nach dem wirklichen Business. Besser ist: „Wir verkaufen Fach- und Berufsbildung, Fortbildung und Weiterbildung!“

Das Medium „Fachbuch“ deckt nur einen kleinen Teil des Feldes „Bildung“ ab. Der Fachbuchhändler erkennt nun einerseits, mit welch breit gestreuter Konkurrenz er zu kämpfen hat – nämlich auch mit Anbietern von Lehrgängen, Lernprogrammen und elektronischen Weiterbildungsmedien, also mit jedem, der „Bildung“ anbietet. Er erkennt jedoch andererseits, welche Chancen sich für ihn ergeben. Denn es liegt nahe, das Sortiment so zu erweitern und zu ergänzen, dass der Fachbuchhändler gegen den Wettbewerb bestehen kann, wobei etwa eine Kooperation mit einem anderen Bildungsanbieter eine weitere Option darstellt.

Eine Strategie aus der Vision ableiten

Während das operative Geschäft darauf abzielt, die unternehmerische Gegenwart – das Tagesgeschäft – zu bewältigen, beschäftigt sich die strategische Planung mit den langfristigen Entwicklungszielen des Unternehmens und ist auf die unternehmerische Zukunft ausgerichtet. Bestand und Wirtschaftlichkeit des Unternehmens langfristig zu sichern – dies ist das Ziel des strategischen Managements.

Es gibt einige sinnvolle Strategiewerkzeuge, die sich bewährt haben, die Vision in eine konsequente strategische Ausrichtung zu transformieren, etwa die Portfolio-Analyse, die SWOT-Analyse, die GAP-Analyse, die Wettbewerbsanalyse, die Engpassanalyse, die Balanced Scorecard (BSC) und viele andere. Ein sehr praxisnahes Strategieinstrument ist die SWOT-Analyse, die exemplarisch vorgestellt werden soll, um die Strategieentwicklung zu konkretisieren.

Die Abkürzung SWOT steht für:

- **Strengths (Stärken),**
- **Weaknesses (Schwächen),**
- **Opportunities (Chancen, Möglichkeiten) und**
- **Threats (Risiken, Bedrohungen).**

Die entscheidenden Fragen sind:

- *Strengths*: Welche Stärken hat das Unternehmen? Worin ist es besonders gut? Was macht es besser als der Wettbewerb?
- *Weaknesses*: In welchen Bereichen „schwächelt" das Unternehmen? Welche Prozesse sind verbesserungswürdig? Welchen Ruf hat das Unternehmen – auch intern bei den Mitarbeitern?
- *Opportunities*: Welche Möglichkeiten hat das Unternehmen? Kann die Produktpalette erweitert werden? Wie sieht es mit zusätzlichen Dienstleistungen aus? Welche Chancen bietet der Markt für das Unternehmen?
- *Threats*: Wodurch ist das Unternehmen bedroht? Gibt es Risiken? Welche Wettbewerber gefährden die Position? Welche veränderten Marktbedingungen können das Unternehmen in Schwierigkeiten bringen?

Die SWOT-Analyse ist ein strukturierter Analyserahmen, der auf Marken, Märkte, Absatzwege, Geschäftsbereiche oder auch auf das gesamte Unternehmen anwendbar ist. Sie hat zum Ziel, sinnvoll zu planen, sich einerseits offensiv dem Wettbewerb zu stellen und andererseits Risiken zu kennen und zu vermeiden. Ein Unternehmen ist immer eingebettet in seine Umgebung und Umwelt. Es wird mit Anforderungen und Gegebenheiten aus dieser Umwelt konfrontiert, auf die das Unternehmen eingehen kann oder muss.

Dazu ein Beispiel: Durch eine vorübergehende Rohstoffknappheit muss die Herstellung eines Produkts verändert werden. Durch eine kontinuierliche SWOT-Analyse kann das Unternehmen blitzschnell überprüfen, ob es ausreichende interne Ressourcen und Fähigkeiten hat, um die Produktherstellung wie erforderlich anzupassen.

Eine SWOT-Analyse fasst die Chancen und Risiken zusammen, über die ein Unternehmen verfügt. Dabei kann dieses Vorgehen immer nur ein Bestandteil einer umfangreichen und effektiven Businessanalyse sein. Andere Maßnahmen sind in diesem Rahmen eine Kunden- und Wettbewerbsanalyse oder ein internes Audit.

Die SWOT-Analyse kann auf alle Unternehmensbereiche ausgeweitet werden und gibt somit Auskunft über die unterschiedlichen „Problemzonen" der Firma – von der Kapitalstruktur bis zum technologischen Fortschritt.

Daraus lässt sich dann eine langfristige Strategie entwickeln, um den Unternehmenserfolg zu sichern.

Gestatten Sie einen kleinen Exkurs: Die SWOT-Analyse bietet auch die Möglichkeit, die Vision mit und an der Wirklichkeit zu messen und zu überprüfen, ob die Vision auch tatsächlich realisierbar ist. Auf der anderen Seite kann die SWOT-Analyse auch der Visionsfindung vorgeschaltet werden, um die Vision von Anfang an auf die „Wirklichkeit", also die tatsächlich vorhandenen Stärken und Schwächen, Chancen und Risiken abzustimmen.

Überhaupt soll an dieser Stelle angemerkt werden, dass die Visionserarbeitung und die Strategiefindung zuweilen eng miteinander verzahnt sind und Hand in Hand gehen. Nach der Erfahrung der Scheelen® AG hat sich die folgende Vorgehensweise als erfolgreich erwiesen:

- In einem frei strukturierten Prozess, bei dem sich die Visionsentwickler möglichst wenig Fesseln auferlegen, wird die Vision kreiert. Von Anfang an aber sollte sie an die Kernkompetenz des Unternehmens angedockt sein. Nochmal sei Matthias zur Bonsen zitiert: „Eine Unternehmensvision wird nicht gemacht, sondern entdeckt. Sie wird „ent-wickelt". Sie entsteht dadurch, dass die Beteiligten in sich hineinhorchen und herausfinden, was sie wirklich wollen."
- Danach erfolgt die SWOT-Analyse auf der Grundlage der Unternehmensvision.
- Jetzt existiert eine fundierte Basis, um eine Strategie zu entwickeln und daraus wiederum konkrete Ziele und Umsetzungsmaßnahmen abzuleiten.

Zurück zur konkreten Anwendung der SWOT-Analyse: Mit ihr erhalten das Unternehmen und die Visionsentwickler sehr konkrete Hinweise auf Felder, in denen Handlungsbedarf besteht: Grundsätzlich sollten – wie gesagt – Stärken weiter ausgebaut und nach außen kommuniziert, Schwächen und – soweit beeinflussbar – Risiken gemindert werden (Tabelle 1). Chancen können nun detailliert geprüft werden.

	Stärken	Schwächen	Chancen	Risiken
Konkurrenz				
Zielgruppe				
Kapitalbedarf				
Räumlichkeiten				
Standort				
Erreichbarkeit				
Führungskräfte				
Mitarbeiter				
Wirtschaftliche Rahmenbedingungen				
...				

Tabelle 1: SWOT

Die Analyse erlaubt differenziertere Aussagen: Aus der Beurteilung der internen Stärken und Schwächen sowie der externen Chancen und Risiken wird nun eine konkrete Entscheidungsmatrix mit strategischen Entscheidungsoptionen abgeleitet (Tabelle 2). Dabei ist die Stärken-Chancen-Strategie zumeist am erfolgversprechendsten.

<table>
<tr><th colspan="2" rowspan="2">SWOT-Analyse</th><th colspan="2">Interne Analyse</th></tr>
<tr><th>Stärken</th><th>Schwächen</th></tr>
<tr><td>Externe Analyse</td><td>Chancen</td><td>Stärken-Chancen-Strategien
• Stärken so nutzen, dass sie zu Chancen passen
• Stärken so einsetzen, dass sich die Chancenverwirklichung erhöht
• Stärken ausbauen und Chancen nutzen</td><td>Schwächen-Chancen-Strategien
• Schwächen bewältigen durch Nutzung der Chancen
• Schwächen ausmerzen, um Chancen nutzen zu können</td></tr>
</table>

SWOT-Analyse		Interne Analyse	
		Stärken	Schwächen
Externe Analyse	Risiken	**Stärken-Risiken-Strategien** • Stärken einsetzen, um Risiken abzuwenden • prüfen, welche Gefahren sich mit welchen Stärken bekämpfen lassen	**Schwächen-Risiken-Strategie** • Schwächen minimieren und so Risiken verhindern • vor Schaden schützen

Tabelle 2: Strategische Entscheidungsoptionen bei SWOT

Führungskräfte und Mitarbeiter beteiligen

Ein großer Fehler, der bei der praktischen Umsetzung – und zwar sowohl bei der Erarbeitung der Vision als auch der Strategieentwicklung – häufig gemacht wird, ist die unzureichende Beteiligung der Menschen: der Führungskräfte und der Mitarbeiter.

Es nutzt nichts, wenn der Chef eine „One-Man-Vision" entwickelt, diese aber von den Führungskräften und Mitarbeitern nicht mitgetragen wird, weil sie sie nicht akzeptieren oder weil sie schlicht und einfach nicht an die Menschen auf eine nachvollziehbare Weise kommuniziert worden ist.

Eine Vision ist aber in den meisten Fällen nur dann erfolgreich, wenn möglichst viele Menschen hinter ihr stehen. Ansonsten degeneriert sie zu einer Versammlung leerer Worthülsen. Darum sollten wo immer möglich die Menschen an der Visionsentwicklung beteiligt werden. Denkbar ist, dass die Vision an der Unternehmensspitze in groben Zügen formuliert und dann von den Führungskräften und schließlich in einem weiteren Schritt von den Mitarbeitern diskutiert und weiterentwickelt wird. Dabei zeigt sich zumeist: Ist die Unternehmensvision von der Geschäftsspitze authentisch erarbeitet worden, kann man fast sicher sein, dass sie bereits vieles von dem enthält, was auch die Führungskräfte und Mitarbeiter denken und fühlen.

Gegen die Beteiligung der Führungskräfte auf der unteren und mittleren Managementebene und der Mitarbeiter wird oft das Argument in Feld geführt, es sei allein schon aus praktischen Gründen schwierig oder gar unmöglich, diese Menschen mitwirken zu lassen. Doch dieses Argument wird entwertet, weil es mittlerweile Großgruppeninstrumente wie etwa die Zukunftskonferenz, die Real-Time-Strategic-Change-Konferenz oder die Open-Space-Konferenz gibt, mit denen auch eine größere Anzahl an Menschen an der Visionserarbeitung und der Strategieentwicklung beteiligt werden kann.

• Future Search: Die Zukunftskonferenz

Ein Beispiel: In einer Zukunftskonferenz – auch Future Search oder Zukunftswerkstatt genannt – entwickelt eine heterogen zusammengesetzte Gruppe von Menschen (ca. 50 bis 70 Personen) in zweieinhalb Tagen *ein gemeinsames Zukunftsbild.* Der Ablauf ist streng reglementiert und unterliegt einem vorgegebenen Konferenzdesign. Die Teilnehmer formulieren bereits während der Großgruppenveranstaltung konkrete Handlungsansätze und Umsetzungsmaßnahmen. Der Konferenz liegt ein Dialog-, Visions- und Planungsprozess zugrunde, der zum Beispiel zu den folgenden Ergebnissen führt:

- Tragfähiges gemeinsames Zukunftsbild: Wo wollen wir hin?
- Anstoß von Initiativen, Maßnahmen oder Projekten: Wie gelangen wir dorthin?
- Gemeinsamkeiten erkennen, auch zwischen unterschiedlichen Interessengruppen: Wie arbeiten wir auf dem Weg zum Ziel konstruktiv zusammen?

Die Zukunftskonferenz, die in den 1990er Jahren von Marvin Weisbord als Methodik entwickelt wurde, legt den Fokus bewusst auf die Gemeinsamkeiten statt auf die Unterschiede in den Sichtweisen der Teilnehmer, um auf diesem Fundament eine gemeinsame Zukunft wachsen zu lassen.

Wenn sich jedoch die quantitative und qualitative Beteiligung der Menschen aus praktischen Gründen in eher engen Grenzen halten muss, hat die Geschäftsführung zumindest dafür Sorge zu tragen, dass

- die Vision so im Unternehmen kommuniziert wird, dass die Konsequenzen, die sie für jeden Einzelnen hat, deutlich werden; „Die Information muss fließen“ – wer informiert ist und sich informiert fühlt, dem fällt es leichter, die Vision zu akzeptieren und mitzutragen;
- die Auswirkungen der Vision für jeden Mitarbeiter und für jeden Arbeitsplatz in klare und eindeutige Zielformulierungen gegossen werden.

Kapitelfazit: Das Wichtigste im Überblick

- Kompetenzorientierte strategische Unternehmensentwicklung setzt an bei der Visionsfindung. Die Vision ist der rote Faden, der die konkrete Entwicklung einer Firma grundiert. Wird die Vision von allen oder möglichst vielen Menschen mitgetragen, können aus ihr eine Umsetzungsstrategie und konkrete Ziele abgeleitet werden.
- Stehen die Ziele fest, die ein Unternehmen erreichen möchte, kann auch die Frage beantwortet werden, über welche Kompetenzen jeder einzelne Mitarbeiter und jede einzelne Führungskraft verfügen muss, damit die angestrebte zukünftige Entwicklung möglich ist.
- Eine Analyse von Kompetenz-Soll-Zustand und Kompetenz-Ist-Zustand lässt diejenigen Kompetenzlücken erkennen, die mithilfe eines zielgerichteten Personalentwicklungskonzepts und entsprechender Weiterbildungsmaßnahmen geschlossen werden müssen.
- Am Ende dieses Prozesses verfügen die Menschen über genau diejenigen Kompetenzen, die notwendig sind, um die Ziele, die Strategie und die Vision zu verwirklichen.
- Das Konzept der kompetenzorientierten Unternehmensentwicklung sorgt für ein Höchstmaß an Arbeitszufriedenheit und Identifikation der Menschen mit Arbeit und Unternehmen, weil sie am Arbeitsplatz ihre Begabungen, Talente und Kompetenzen einsetzen können. Sie können die Unternehmenserwartungen erfüllen und das Unternehmen gibt ihnen die Gelegenheit, ihre Potenziale zu entfalten.
- Kompetenzorientierte Unternehmensentwicklung setzt ein Werkzeug voraus, mit dem sich die Kompetenzen analysieren und die Kompetenzlücken feststellen lassen: Kompetenzorientierte Unternehmensentwicklung braucht Kompetenzdiagnostiktools.

Kapitel 2: Strategielos in den Untergang

Was Sie in diesem Kapitel erfahren

Im ersten Kapitel haben Sie gelesen, wie bedeutsam die kompetenzorientierte strategische Unternehmensentwicklung ist. Behaupten können wir viel - schauen wir uns daher jetzt den umgekehrten Fall an: Welche Nachteile entstehen konkret, wenn ein Unternehmen strategielos agiert?
Die primäre Zielsetzung des Kapitels besteht in der Sensibilisierung für die überlebensnotwendige Ausbildung eines strategischen Weitblicks.

„Management by Rückspiegel" genügt nicht

Michael Otto vom Otto Versand hat einmal in einem SPIEGEL-Interview gesagt: „Früher haben wir immer über die Amerikaner gelächelt und gesagt: Die schauen nur von Quartal zu Quartal und bewerten weniger die langfristige Entwicklung. Genau an dieser Kurzatmigkeit leiden wir inzwischen auch, und das ist eine große Gefahr." Kurzfrist-Denken ist gefährlich – die Finanzkrise hat es überdeutlich gezeigt – und prinzipiell nicht zur echten Weiterentwicklung geeignet.

Doch natürlich gibt es auch zahlreiche Beispiele, die belegen, dass langfristiges strategisches Denken, das sich von einer Vision leiten lässt, nicht zum gewünschten Ziel führt. Das Scheitern der eine ganze Zeit lang (nicht nur) von der Presse so benannten und gehätschelten „Visionäre" Jürgen E. Schrempp, Ron Sommer und Thomas Middelhoff scheint den visionspessimistischen und denjenigen Zeitgenossen Recht zu geben, die behaupten, das unternehmerische Agieren sei viel zu komplex und zu stark beeinflusst von tagesaktuellen Faktoren, um mit einer langfristig angelegten Strategie erfolgreich sein zu können.

Abgesehen von persönlichen Fehlern, Fehleinschätzungen und individuellem Fehlverhalten: Die Problematik jeder strategisch-visionären Planung liegt einerseits darin, dass ein Unternehmer gezwungen ist, grundsätzliche strategische Entscheidungen zu treffen, er jedoch andererseits nie sicher sein kann, welche Tendenzen, Entwicklungen, Konstellationen oder Sachzwänge in der Zukunft auftreten, die seine Entscheidung zur Makulatur werden lassen. Zukunft lässt sich nicht managen.

Was aber ist die Alternative? „Management by Rückspiegel“ genügt nicht. Wer beim Autofahren immer nur in den Rückspiegel blickt, wird scheitern – wer bei unternehmerischen Entscheidungen immer nur nach hinten schaut und sich nach dem Motto „Was waren wir wieder erfolgreich!“ auf die eigenen Schultern klopft, verliert die Fähigkeit, Kurven, Hindernisse und Stolpersteine frühzeitig zu erkennen.

Wahrscheinlich kann kein Unternehmen im 21. Jahrhundert eine Spitzenstellung erreichen oder behaupten, ohne eine klare Vorstellung von den Chancen, Risiken, Möglichkeiten und Herausforderungen der Zukunft zu haben. Wer dies nicht wahrhaben will und sich allein auf das operative Geschäft konzentriert, verliert über kurz oder lang entscheidende strategische Wettbewerbsvorteile.

Bereits 1994 haben Gary Hamel und C. K. Prahalad in ihrem Buch „Wettlauf um die Zukunft“ darauf aufmerksam gemacht, dass die meisten Manager sich zwar intensiv Gedanken um die Strategieumsetzung machen, aber kaum über deren Grundlage, nämlich die Strategiebildung. Darum, so die Autoren, versinken sie im „Klein-Klein“ des operativen Alltagsgeschäfts und bemerken nicht, dass durch geänderte Umfeldbedingungen und interne Entwicklungen nach und nach eine strategische Krise einsetzt, die sich in einer Ertragskrise und schließlich in einer Liquiditätskrise Bahn bricht.

Wer sich allein und ausschließlich auf das operative Tagesgeschäft konzentriert und strategielos agiert, geht des strategischen Weitblicks verlustig und nimmt die Anzeichen einer krisenhaften Entwicklung viel zu spät wahr.

Nachteil 1 der strategielosen Ausrichtung: Der strategische Weitblick verkümmert immer mehr

In ihrem Buch „Management“ beschreiben Rüdiger H. Jung und Meinolf Kleine den strategischen Weitblick wie folgt:

> „Um den genannten Intentionen betrieblicher Strukturen zu genügen, ist eine bestimmte Denkhaltung und Einstellung erforderlich, ohne welche die Strategien erfolglos blieben. Strategisches Denken ist vor allem *Richtungsdenken* und Konzentration im Hinblick auf Sachverhalte außerhalb des eige-

nen Führungs- und Einflussbereiches sowie auf die oft schwer einzugrenzenden übergeordneten Ziele des Betriebes. Strategisches Denken ist aber auch *Ganzheitsdenken*, in dem bei der Strategieentwicklung und Strategieverfolgung der Betrieb in ganzheitlicher Sicht thematisiert werden muss."

Das heißt: In einem Unternehmen mit strategischer Ausrichtung müssen die Verantwortlichen eine bestimmte Denkhaltung einnehmen, die sich vor allem durch Flexibilität auszeichnet. Wichtiger als jede strategische Entscheidung ist die Fähigkeit zum strategischen Denken. Fehlt dieses Denken, setzt sich ein Teufelskreis in Gang: Ohne strategische Ausrichtung verkümmert der ohnehin nur mäßig ausgebildete strategische Weitblick, was zur Folge hat, dass es unmöglich wird, überhaupt in strategischen Kategorien zu denken und zu handeln.

Gerade die Führungskräfte müssen lernen, die komplexen unternehmerischen Prozesse im Zusammenhang zu reflektieren. Sie müssen sich vom linearen Ursache-Wirkungs-Mechanismus, nach dem aus A immer B folgt und B dann C zur Folge hat, verabschieden und akzeptieren, dass die Dinge oft komplexer und komplizierter sind, als man hofft: Dass eine Entscheidung A nicht nur B zur Folge hat, sondern überdies C und D beeinflusst, wobei B, C und D wiederum auf A zurückwirken.

Nachteil 2 der strategielosen Ausrichtung: Konzentration auf den Preis und das finanzielle Kapital

Strategieorientierung ist Personalentwicklung. Wir haben bereits erarbeitet, dass sich eine Vision und eine Strategie nur dann durchsetzen und verwirklichen lassen, wenn jede Führungskraft und jeder Mitarbeiter davon durchdrungen ist und zielorientiert und motiviert an der Realisierung mitwirkt. Menschen sind dann zu diesem Engagement und dieser Identifikation bereit, wenn sie ihre Kompetenzen am Arbeitsplatz optimal ausbauen und einsetzen können. Dann tragen sie die Strategie mit und wollen sie umsetzen – auch, weil sie wissen, dass dies zu ihrem eigenen Besten ist.

Die Tragik des operativen Handelns ohne strategische Fokussierung hingegen besteht darin, dass der Blick allzu häufig allein auf die materiellen und finanziellen Aspekte gelenkt wird. Durch die Konzentration auf den Umsatz und den Gewinn gerät allein der Preis in den Mittelpunkt der Betrachtung. Das, was Thomas Stewart als den vierten Produktionsfaktor bezeichnet, nämlich das „intellektuelle Kapital", kommt zu kurz. Stewart betont, das intellektuelle Kapital bestehe aus drei Bereichen:

- Humankapital: Damit meint Stewart in seinem Buch „Der vierte Produktionsfaktor. Wachstum und Wettbewerbsvorteile durch Wissensmanagement" das Wissen in den Köpfen der Mitarbeiter, das im Hinblick auf die Erreichung der Unternehmensziele relevant ist. Diese Definition kommt dem hier verwendeten Kompetenzbegriff sehr nahe.
- Kundenkapital: Mit diesem Begriff meint Stewart die Beziehungen, die ein Unternehmen zu den Menschen und zu den Organisationen, die von diesen Menschen repräsentiert werden, unterhält.
- Strukturkapital: Damit ist das im Unternehmen selbst enthaltene Wissen gemeint. Stewart zählt die Technologien, Erfindungen, Veröffentlichungen und Geschäftsprozesse des Unternehmens dazu.

Natürlich ist es schwieriger, das „Wissen in den Köpfen der Mitarbeiter" zu managen und ihre Kompetenzen so auf- und auszubauen, dass sie als intellektuelles Kapital zu Wettbewerbsvorteilen führen, als über den Preis zu verkaufen und das materielle Kapital zu managen. Aber: Der Reichtum eines Unternehmens wird im Umfeld von denjenigen Fertigkeiten, Talenten und Kompetenzen geschaffen, die an Menschen gebunden sind und knappe Ressourcen auf dem Weg zu den Unternehmenszielen darstellen. Die Unternehmen sollten daher erkennen und akzeptieren, dass Mitarbeiter mit ihren Talenten und Kompetenzen Werte darstellen, in deren Entwicklung investiert werden muss.

Nachteil 3 der strategielosen Ausrichtung: Hindernis in Zeiten des Umbruchs

Zwei Unternehmen fusionieren oder die eine Firma wird von der anderen übernommen. Die Verantwortlichen erhoffen sich eine größere Marktmacht, gehen davon aus, dass sich die jeweiligen Vorteile oder Kernkompetenzen quasi zu einer größeren Summe addieren werden, sich die sogenannten Synergieeffekte einstellen. Kaum bedacht wird, wie die zwei Unternehmenskulturen zusammenwachsen sollen, ob die Kundengruppen zueinanderpassen, wie die Kunden das „neue" Unternehmen wahrnehmen – und vor allem: Wie können und sollen Mitarbeiter effektiv zusammenarbeiten, die in unterschiedlichen Unternehmenskulturen groß geworden sind?

Wenn eine Fusion ohne Leitstern und ohne klare Benennung der Vision, der Strategie und des fundamentalen Unternehmenszwecks erfolgt, besteht die Gefahr, dass die zwei Unternehmensteile niemals zusammenwachsen, sondern nebeneinander her agieren, weil das gemeinsame strategische Fundament, die gemeinsame visionäre Ausrichtung fehlt. Wie sollen die Mitarbeiter ein gemeinsames Selbstverständnis entwickeln, wenn nicht eine zielführende Strategie die Marschrichtung vorgibt und die unterschiedlichen Unternehmenskulturen zusammenführt? Dazu ein Beispiel aus der Wirtschaft: Es liegt die Vermutung nahe, dass der Einstieg der Deutschen Bank bei der Postbank (im Jahr 2008) auch deshalb zu erheblichen Problemen geführt hat, weil das Fundament oder anders ausgedrückt die Sinn stiftende und Orientierung bietende Vision fehlte und fehlt. Das Resultat: Weder die Unternehmensphilosophie noch die Kundenstämme wollen so recht zueinanderpassen.

Ein entscheidender Schritt in die richtige Richtung in einem fusionierten Unternehmen kann ein umfassender Personal- und Organisationsprozess sein, der an die grundsätzliche strategische Ausrichtung anknüpft. Er zielt darauf ab, in dem neu entstandenen Unternehmen ein einheitliches Führungs-, Kunden- und Serviceverständnis und eine gemeinsame Unternehmenskultur aufzubauen und zu etablieren.

Nachteil 4 der strategielosen Ausrichtung: Komplexität lässt sich nicht managen

Wer gar nicht erst versucht, den strategischen Weitblick zu entwickeln, muss vor der Aufgabe, in einem immer komplexer werdenden Umfeld ein Unternehmen zu steuern, versagen. Natürlich: Unternehmer und Führungskräfte sehen sich komplexen Zusammenhängen ausgesetzt, deren Vielfalt und Unübersichtlichkeit lähmend wirken können. In einem Forschungsprojekt – der Lohhausen-Studie – hat der Wissenschaftler Dietrich Dörner um 1981 nachgewiesen, dass es dem Menschen sehr schwer fällt, mit Vielfalt und Komplexität angemessen umzugehen, weil er durch die Beschäftigung mit der gegenwärtigen Herausforderung nicht in der Lage ist, zugleich die Auswirkungen seines Handelns auf die Zukunft zu berücksichtigen. Dörner nannte dies das „Prinzip der Überwertigkeit des aktuellen Motivs“.

„Prinzip der Überwertigkeit des aktuellen Motivs"

In dem Experiment konfrontierte Dörner die Versuchspersonen mit einer Aufgabe, die weit über 2.000 dynamische Variablen umfasste, die sich gegenseitig beeinflussten: Die Teilnehmer übernahmen das Amt eines Bürgermeisters der im Computer simulierten Stadt „Lohhausen“. Während eines fiktiven Zeitraums von 10 Jahren verfügten sie über diktatorische Vollmachten und konnten jede Entscheidung treffen, die ihrer Meinung nach dem ökonomischen und sozialen Wohl der Lohhausener diente. Das Ergebnis: Die meisten „Bürgermeister“ scheiterten und trieben Lohhausen in den Ruin. Der Grund für das Scheitern: Die Sorge um gegenwärtige Missstände hatte die „Bürgermeister“ daran gehindert, zukünftige Entwicklungen gedanklich vorwegzunehmen.

Diesem Dilemma sehen sich auch Unternehmer und Führungskräfte ausgesetzt: Die nächste Aktionärsversammlung steht an, die nächste Vorstandswahl steht vor der Tür, das operative Geschäft muss stimmen. Dies zwingt dazu, die aktuelle Situation eines Unternehmens über Gebühr in den Mittelpunkt zu stellen. Wenn dann kein langfristig wirksames Strategiekonzept existiert, das bei der Bewältigung der komplexen Aufgaben gleichsam als roter Faden oder als Orientierung und Halt gebendes Geländer dient, drohen sich die Verantwortlichen in der Bewältigung der Tagesaufgaben zu verlieren.

Ein anschauliches Beispiel bietet das Thema „Personalentwicklung in Krisenzeiten“: Reflexartig besteht die erste Lösung, die den Managern in schwierigen Zeiten zuallererst einfällt, darin, Personal abzubauen, Menschen zu entlassen und auf diese Weise Kosten zu senken. Das sind dann genau diejenigen Menschen, die den Firmen in den Unternehmen fehlen, wenn es wieder aufwärtsgeht.

Strategischer Weitblick und das Vorhandensein eines langfristigen Konzepts hätten vielleicht zu der Überlegung geführt, ob es nicht zumindest einige

Mitarbeiter gibt, von denen man sich besser nicht getrennt hätte. Das Denken in komplexen Zusammenhängen hätte geboten, diese Mitarbeiter gerade jetzt in der Flaute Weiterbildungsmaßnahmen durchlaufen zu lassen. Dort hätten sie Kompetenzen aufbauen können, die dem Unternehmen helfen, zukünftige Aufgaben im Boom zu bewältigen.

Der Ausweg aus dem Dilemma: Kompetenzorientierte Weiterentwicklung mit Weitblick

Nun kann man sich damit abfinden, dass sich die fehlende Strategieorientierung und die Unfähigkeit, einen strategischen Weitblick zu entwickeln, gegenseitig befeuern. Weil Unternehmen nun einmal komplexe Systeme sind, die sich stets nicht-linear verhalten, weil es negative und positive Rückkoppelungen gibt, die kaum zu prognostizieren sind, und weil jede Entscheidung Prozesse in Gang setzt, die eine unbeherrschbare Eigendynamik entfalten, könnte man schlussfolgern: Es ist besser, sich auf das operative Geschäft zu konzentrieren und die Strategieentwicklung Strategieentwicklung sein zu lassen.

Hier allerdings soll ein anderer Weg vorgeschlagen werden: Ohne die Anstrengung zur Strategieentwicklung ist unternehmerisches Wachstum nicht möglich. Allerdings muss das hinzukommen, was bereits als das „universale Prinzip der Unternehmensentwicklung" bezeichnet worden ist, also die Kompetenzentwicklung der Menschen auf der Basis der Unternehmensvision und der Unternehmensziele. Doch bevor wir uns damit beschäftigen, sollten Sie die Inhalte des zweiten Kapitels rekapitulieren.

Beziehen Sie die Kapitelinhalte auf Ihre Situation

Bitte fragen Sie sich:

- Wie groß ist die Gefahr, dass Sie strategielos in den Untergang abdriften?
- Wie ist es um Ihren strategischen Weitblick bestellt?
- Inwiefern ist die kompetenzorientierte Weiterentwicklung bei Ihnen im Unternehmen und bei der Personalentwicklung ein Thema?

Kapitelfazit: Das Wichtigste im Überblick

- Strategieloses unternehmerisches Agieren hat existenziell bedrohliche Konsequenzen.
- Zu den folgeschwersten Nachteilen gehört der Verlust oder das Verkümmern des strategischen Weitblicks, der es erlaubt, zukünftige Entwicklungen zu antizipieren und daraus Handlungsrichtlinien für die Gegenwart abzuleiten.
- Darum gilt: Die strategische Ausrichtung des Unternehmens muss der Ausgangspunkt für die Überlegung sein, welche Kompetenzen seitens der Führungskräfte und Mitarbeiter notwendig sind, um die Strategie umzusetzen und die Unternehmensziele zu erreichen.

Kapitel 3: Evidenzbasierte Weiterbildung mit Kompetenzdiagnostiktools

Was Sie in diesem Kapitel erfahren

Sie haben die Vision Ihres Unternehmens formuliert und Ihre Strategie daraus abgeleitet. Jetzt geht es in die konkrete Umsetzung. Lesen Sie hier, wie Sie mithilfe eines Kompetenzdiagnostiktools dafür sorgen, dass Ihre Führungskräfte und Mitarbeiter über genau diejenigen Kompetenzen verfügen, die notwendig sind, um Ihre Unternehmensziele zu erreichen.

Durch den Einsatz des Kompetenzdiagnostiktools ASSESS wird Weiterbildung zur „evidenzbasierten Weiterbildung", deren Wirksamkeit empirisch nachgewiesen ist.

Strategische Erfolgsmodellierung im *SSM-Prozess* – ein Praxisbeispiel

Starten wir wieder mit einem Fallbeispiel aus der Praxis:

Vision mit Kompetenzmodell verwirklichen

Die Köpfe rauchen, nur noch drei Kompetenzen definieren, diskutieren, beschreiben – dann ist es geschafft. Der Vertriebsleiter eines großen mittelständischen Unternehmens, der Vertriebsvorstand als Senior Manager und ein Topverkäufer sitzen mit weiteren Teammitgliedern zusammen und definieren die Kompetenzen, die die einzelnen Vertriebsmitarbeiter benötigen, um die Ziele der Gesamtunternehmung zu erreichen.

„Wenn das Unternehmen die Verwirklichung der Vision ´Wir als Marktführer überzeugen unsere Kunden durch Service und Kundenfreundlichkeit´ anstrebt, muss der Verkäufer vor Ort vor allem auch noch Zuhörkompetenz haben", meint der Topverkäufer. Er weiß aus Erfahrung, dass Verkäufer vor dem Kunden oft lieber begeistert in Produktinformationen schwelgen und ihn zu seinem Glück beschwatzen wollen, als dem Kunden in Ruhe zuzuhören.

„Marktführer sind und bleiben wir, wenn wir nicht nur zuhören und gut kommunizieren, sondern dann auch zielorientiert verkaufen", argumentiert der Vertriebsleiter, „zum Jobprofil der Verkäufer gehört darum auf jeden Fall die Abschlussorientierung", so sein Fazit. Der Senior Manager ergänzt: „Die Produkte ähneln sich doch immer mehr. Einen unverwechselbaren Wettbewerbsvorsprung erreichen wir nur, wenn wir zum Kunden eine gute und stabile Beziehung aufbauen. Der Verkäufer muss das Zeug zum Beziehungsmanager haben."

Lange zieht sich die Diskussion hin, aber sie ist fruchtbar und äußerst wertvoll, denn sie zwingt das Projektteam, ganz genau zu überlegen, welche Kompetenzen nun wirklich die wichtigsten sind, wie die Jobdescriptions genau aussehen – und damit auch, was die Vertriebsleitung WIRKLICH von den Vertriebsmitarbeitern erwartet.

Eine ähnlich anregende und wichtige Diskussion entspinnt sich um die Jobdescription des Vertriebsleiters. Auch für ihn wird ein Kompetenzset in der freien Diskussion erarbeitet. Wie wichtig ist Entscheidungsstärke und woran wird sie festgemacht? Wie steht es um die Belastbarkeit? Und auch der Senior Manager aus dem Vorstand bleibt nicht außen vor: Welche Kompetenzen muss ein Mitglied der Geschäftsleitung haben?

Vorstrukturierte Kompetenzmodelle abändern

Die Diskussion veranschaulicht: Zahlenorientierte Führung wird abgelöst durch kompetenzbasierte Führung – die Weiterbildung der Führungskräfte und Mitarbeiter orientiert sich an den KOMPETENZEN, die zur Realisierung der vorgegebenen operativen und strategischen Geschäftsziele unerlässlich sind. Das heißt: Für jede Jobgruppe, für jede Abteilung – sei es nun Marketing, Einkauf, Verwaltung oder eben Vertrieb – werden die entsprechenden Kompetenzen festgelegt.

In dieser Definitionsphase befindet sich das Team in unserem Beispiel.

Es nutzt dabei in diesem Beispiel als Kompetenzdiagnostiktool ASSESS, um den Prozess schnell, strukturiert und effizient durchzuführen. Der Vorteil eines Kompetenzdiagnostiktools wie beispielsweise ASSESS: Zum einen bietet es eine Datenbank bereits vorstrukturierter Kompetenzmodelle, die auf Tausenden von ausgewerteten Jobdescriptions beruht. So ist – vorschlagsweise – bereits für den Verkäufer, für den Vertriebsleiter, ja selbst für den Vorstand ein Set an Kompetenzen abgebildet, über die der Einzelne verfügen sollte.

Zum Zweiten können diese vorstrukturierten Kompetenzmodelle unternehmensspezifisch angepasst werden: Neue Kompetenzen werden hinzugefügt, andere aus dem Set herausgenommen. Und weil ASSESS eine detaillierte Definition und Beschreibung zu jeder Kompetenz mitliefert, kann das Team auch jede Definition unternehmensbezogen verändern, also eine Kompetenzbeschreibung abändern.

Drittens: Und natürlich kann das Unternehmen auch ein vollkommen neues Kompetenzmodell entwickeln, indem in freier Diskussion die notwendigen Kompetenzen individuell festgelegt und beschrieben werden.

So geht unser Team im Beispiel vor, greift dabei aber immerhin auf die 38 Kompetenzen zurück, die ASSESS auf Basis jahrzehntelanger Forschung bereits fertig formuliert und adaptierbar anbietet.

Unterstützung durch Software und ASSESS-Experten

All dies geschieht mithilfe einer Software mit einem Eingabe-Interface – und darum ist auch ein ASSESS-Experte an dem Prozess beteiligt, der das „Kompetenzfindungsteam" unterstützt, die Diskussion moderiert und die Software bedient. Wichtig: Das Team soll sich voll und ganz auf den Austausch der Argumente konzentrieren können, sodass am Ende des Prozesses die zur Erreichung der Unternehmensziele notwendigen Kompetenzmodelle erarbeitet sind.

Dabei orientiert sich das Team oft an denjenigen Eigenschaften, über die die erfolgreichen Führungskräfte und Mitarbeiter verfügen: Was unterscheidet sie von den eher durchschnittlichen Kollegen? Was macht sie erfolgreich, welche Resultate, die die anderen nicht erreichen, erzielen sie aus welchen Gründen?

Des Weiteren gibt die Software Unterstützung: Sie fordert die Teammitglieder zum Beispiel immer wieder auf,

- die 38 Kompetenzen um diejenigen zu reduzieren, die für die Unternehmensentwicklung nicht so wichtig sind,
- sich überschneidende Kompetenzen herauszunehmen,
- zu überlegen, ob neue Kompetenzen hinzugenommen werden müssen,
- Kompetenzbeschreibungen zu bearbeiten,
- Rückkopplungen zum Unternehmensalltag vorzunehmen und zu fragen, welche konkrete Bedeutung eine Kompetenz für die tägliche Arbeit hat,
- Entscheidungen zu überdenken und
- Abstimmungen vorzunehmen.

Die Erfahrung zeigt: Das Team sollte sich darauf beschränken, pro Jobgruppe oder Abteilung **ein** überschaubares Set an Kompetenzen festzulegen, und dieses schließlich so gründlich wie möglich zu beschreiben.

Der Vorstand übernimmt bei der kompetenzorientierten Weiterbildung eine wichtige Scharnierfunktion:

- Es steht in seiner Verantwortung, bei der Diskussion die genaue Unternehmenszielsetzung zur Grundlage zu machen.
- Der Grund: Diese Ziele des Unternehmens sind die Leitsterne, an denen sich die Umsetzung in Kompetenzmodelle und kompetenzorientierte Weiterbildung ausrichtet.

Soll- und Ist-Profile vergleichen

Zurück zum Beispiel: In der Teamdiskussion schält sich Schritt für Schritt ein Kompetenz-Soll-Profil für jede zur Diskussion stehende Position heraus. In dem langwierigen Prozess, in dem – wie oben dargestellt – jede einzelne Kompetenz jedes Jobprofils unter die kritische Lupe der teilnehmenden Diskutanten gelegt wird, entwickelt sich langsam aber sicher ein gemeinsames Verständnis bezüglich der Kompetenzen. Denn was zum Beispiel genau unter „Visionskraft" zu verstehen ist – darüber bestehen zunächst einmal unterschiedliche Auffassungen.

Der nächste Schritt: Das Soll-Profil muss mit dem Ist-Profil abgeglichen werden – die Messung der Kompetenzen ist angesagt. Der Vertriebsleiter kann gewiss ganz gut einschätzen, über welche der Soll-Kompetenzen seine Truppe und jeder einzelne Verkäufer in welchem Ausprägungsgrad verfügt. Allerdings ist es klüger, sich an dieser Stelle eines der Kompetenz-Messtools zu bedienen, die valide und systematisch Aufschluss geben über die Kompetenzen und die bevorzugten Verhaltensweisen eines Menschen und überdies eine Einschätzung seiner Persönlichkeitseigenschaften erlauben. Nichts gegen Erfahrung und Bauchgefühl – aber objektiver und fairer sind validierte Messverfahren dafür.

Und genau so geht das Unternehmen vor, bei dem unser Vertriebsleiter, der Senior Manager im Vorstand und der Topverkäufer arbeiten. Es misst die Kompetenzen aller Führungskräfte und Mitarbeiter und vergleicht das Ergebnis mit jenem Soll-Profil. Die Kompetenzmessung zeigt, an welchen Stellen bei welchem Mitarbeiter Kompetenzlücken klaffen, die schließlich mithilfe geeigneter Schulungsmaßnahmen geschlossen werden. Erst jetzt werden die Inhalte der Qualifizierung definiert – denn erst jetzt wissen die Verantwortlichen, welcher Seminarinhalt WIRKLICH zum Unternehmenserfolg beiträgt.

Wahrscheinlich haben Sie jetzt folgende Fragen:

- Was ist ein *SSM-Prozess*?
- Auf welcher Basis läuft der Abgleich zwischen Kompetenz-Ist-Profil und Kompetenz-Soll-Profil ab? Wie gelangt man zu den Werten, die diesen Abgleich ermöglichen?
- Was genau ist ein Kompetenzmodell? Wie gelangt man zu jenen 38 Kompetenzen? Wer hat sie festgelegt? Und wie entsteht ein Kompetenzmodell?

Mit strategischer Erfolgsmodellierung Kompetenzen analysieren, Kompetenzlücken erkennen und schließen

ASSESS Strategic Success Modelling (kurz: SSM oder „Erstellung strategischer Erfolgsmodelle“) ist ein Prozess, mit dessen Hilfe ein Führungs- und Kompetenzteam eines Unternehmens – am besten und effektivsten mit der Unterstützung eines SSM-zertifizierten Beraters – ein Kompetenzmodell für eine Position oder eine Gruppe von Positionen entwickelt. In einem geführten und strukturierten Workshop-Prozess erarbeitet das Team die für die

Schlüsselfunktionen des Unternehmens benötigten Kompetenzen, die aus der Vision und Strategie des Unternehmens abgeleitet sind. Die Abbildung 3 zeigt den Zusammenhang zwischen der Unternehmensvision und den entsprechenden Unternehmenszielen sowie dem Kompetenzmodell:

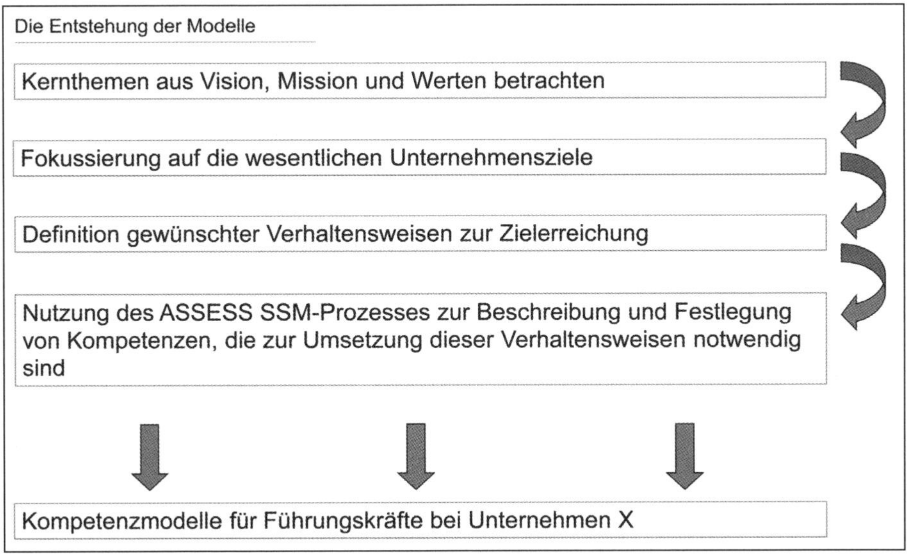

Abb. 3: Zusammenhang zwischen Unternehmensvision, Unternehmenszielen und Kompetenzmodell

Das Unternehmen bedient sich dabei der verschiedenen ASSESS-Instrumente, die in der Tabelle 3 zusammengefasst sind.

ASSESS-Instrumente
• *ASSESS Performance Analyse®*, in deren Mittelpunkt 24 Persönlichkeitsmerkmale stehen
• *ASSESS Kompetenz Analyse®* mit 38 Kompetenzen
• *ASSESS Feedback Analyse®*
• *ASSESS SSM-Prozess*

Tabelle 3: Die wichtigsten ASSESS-Instrumente

Der große Vorteil von ASSESS: Es handelt sich um ein Tool, das die Stärken und kritischen Erfolgsfaktoren immer im Hinblick auf die strategischen und operativen Unternehmensziele misst. Und gerade das ist ja die Intention kompetenzorientierter Unternehmensentwicklung: Es sollen diejenigen Kompetenzen auf- und ausgebaut werden, die das Unternehmen benötigt, um seine Ziele zu erreichen.

Mit ASSESS lässt sich herausarbeiten, über welche angeborenen und angelernten Ressourcen eine Führungskraft oder ein Mitarbeiter verfügt. Dem wird dann gegenübergestellt, welche Fertigkeiten ein Mensch für bestimmte beruflich geforderte Fähigkeiten benötigt. Dazu sind die *ASSESS Performance Analyse®* und die *ASSESS Kompetenz Analyse®* notwendig:

Die *ASSESS Performance Analyse®*

Bei der *ASSESS Performance Analyse®* werden die angeborenen, berufsrelevanten Persönlichkeitseigenschaften einer Person gemessen und in Relation zu einer allgemeinen berufsrelevanten Vergleichsgruppe gesetzt. Das Ergebnis: ein konkretes Bild über die Eignung der Person für eine bestimmte berufliche Tätigkeit.

ASSESS evaluiert die Persönlichkeit eines Menschen hinsichtlich der Position und ihre Befähigung für Management- oder Führungsaufgaben. Grundlage des ASSESS-Instrumentariums ist ein 350 Fragen umfassender Fragebogen, der die Ausprägung von 24 berufsbezogenen Persönlichkeitsmerkmalen misst.

Die über den Fragebogen generierten Daten werden im Rahmen des computergestützten Auswertungsprozesses anhand einer umfangreichen normativen Datenbank gewichtet. Das System bietet in diesem Zusammenhang die Möglichkeit, individuell zur Position und Aufgabe des Probanden passende Vergleichsgruppen zu generieren.

Also: Das individuelle Potenzial eines Menschen lässt sich bewerten und einordnen, indem sein Kompetenzprofil bei der Auswertung mit einer berufsspezifischen Vergleichsgruppe in ein Verhältnis gesetzt wird.

Anhand der automatisch prozentual gewichteten Resultate erstellt das System einen individuellen Report, der innerhalb kürzester Zeit online verfügbar ist. Es handelt sich mithin um ein „State-of-the-art"-System, das die Ergebnisse der Beurteilung der Kompetenzen eines Menschen verwaltet, bewertet und auswertet sowie Assessment-Reports schreibt – so, wie es ein Psychologe tun würde.

Der Fragebogen misst die Ausprägung von 24 Persönlichkeitsmerkmalen in drei Bereichen:

- Denkstil: Gemessen werden das Problemlösungsverhalten und die Entscheidungsfindung. Die entsprechenden Persönlichkeitseigenschaften geben ein Feedback darüber, wie sich ein Mensch intellektuell mit der Umwelt auseinandersetzt (etwa reflektierend, faktenorientiert, realistisch) und wie er mit Informationen umgeht. Dieser Bereich umfasst fünf Dimensionen.
- Arbeitsstil: Gemessen werden die bevorzugte Arbeitsumgebung, die Zusammenarbeit im Team und die Belastbarkeit. Dazu stehen zehn Dimensionen zur Verfügung. Die Persönlichkeitseigenschaften, die hier abgebildet werden, befassen sich mit der Art und Weise, wie ein Mensch sich organisiert, sich in eine vorhandene Organisation einfügt, wie er mit Aufgabenvielfalt umgeht und wie belastbar er ist.
- Beziehungsstil: Hier gibt es neun Dimensionen. Gemessen werden der interpersonelle Stil, die Kritikfähigkeit und die emotionale Ausgeglichenheit. Die gemessenen Persönlichkeitseigenschaften geben Auskunft über die Art und Weise, wie ein Mensch seine sozialen Kontakte gestaltet, wie er anderen begegnet, wie er auf andere wirkt, welche Grundeinstellung er zu Menschen und zu Dingen hat und wie selbstkritisch er veranlagt ist.

Die Abbildung 4 zeigt die 24 Persönlichkeitsmerkmale in den drei Bereichen im Überblick:

Denkstil	Arbeitsstil	Beziehungsstil
• Reflektierend	• Arbeitstempo	• Selbstsicherheit
• Strukturiert	• Eigenständigkeit	• Umgänglichkeit
• Entscheidungsfindung	• Arbeitsorganisation	• Wunsch gemocht zu werden
• Faktenorientiert	• Multi - Tasking	• Menschenbild
• Realistisch	• Bedürfnis nach Fertigstellung	• Einfühlungs- und Analysebereitschaft
	• Akzeptanz von Kontrolle	• Emotionale Ausgeglichenheit
	• Stresstoleranz	• Kritiktoleranz
	• Wunsch nach persönlichen Freiräumen	• Selbstkontrolle
	• Bedürfnis nach Anerkennung	• kulturelle Angepasstheit
	• Detailorientierung	

Abb. 4: Die 24 Persönlichkeitsmerkmale im Überblick

Aus der Beantwortung des Fragebogens wird ein Entwicklungsreport zur *ASSESS Performance Analyse®* generiert. Dieser

- gibt eine Übersicht zu den drei Stilen,
- erteilt Auskunft über den Ausprägungsgrad aller 24 Persönlichkeitsmerkmale,
- beschreibt, welche Bedeutung es hat, wenn ein Ausprägungsgrad sehr von dem der Vergleichsgruppe abweicht und
- spricht Entwicklungsvorschläge insbesondere bei den Persönlichkeitsmerkmalen aus, bei denen der Ausprägungsgrad von dem der Vergleichsgruppe abweicht.

Der Report gibt also detailliert Auskunft über die Stärken und Schwächen der Führungskraft oder des Mitarbeiters – und zwar immer in Beziehung gesetzt zu der entsprechenden Vergleichsgruppe.

Diese Beziehung wird durch eine Grafik wie die folgende veranschaulicht:

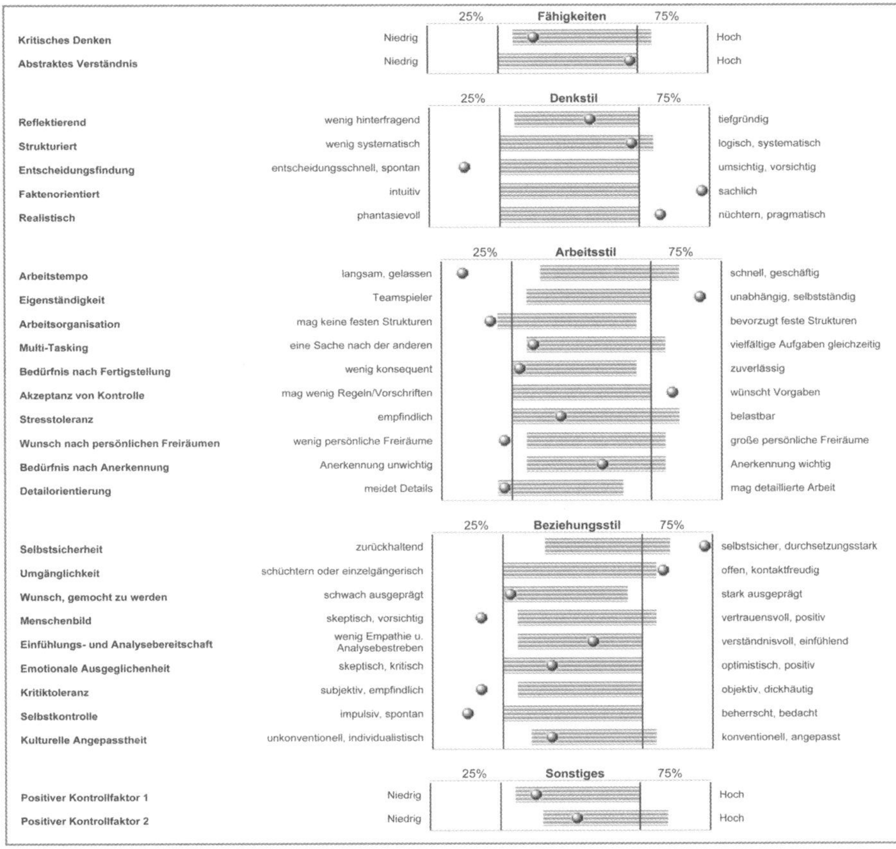

Abb. 5: Die grafische Darstellung der 24 Persönlichkeitsmerkmale eines Menschen

Die Grafik zeigt, dass es bei jeder Persönlichkeitseigenschaft eine Skala „von – bis“ gibt; zum Beispiel im Bereich „Denkstil“ bei der Persönlichkeitseigenschaft „Reflektierend“ die Skala „wenig hinterfragend“ bis „tiefgründig“.

Das Profil ist eine Kurzzusammenfassung, die eine Übersicht der Ergebnisse für alle von ASSESS bewerteten Eigenschaften gibt. Die Punkte zeigen jeweils die prozentualen Ergebnisse im Vergleich zur Referenzgruppe an. So ist ersichtlich, ob zum Beispiel eine Führungskraft so ähnlich wie ein typischer Vertreter seines Berufsstandes abgeschnitten hat – dann liegt das Ergebnis (der Punkt) zwischen 25 und 75 Prozent. Wenn die Führungskraft deutlich über oder unter dem Wert der Vergleichsgruppe liegt, befindet sich jener Punkt außerhalb des Normbereichs.

ASSESS beschreibt jeden der Persönlichkeitsfaktoren nach einem einheitlichen Schema. Es ist notwendig, sich als Anwender ausführlich mit jeder der Beschreibungen zu beschäftigen, um die arbeitsbezogenen Persönlichkeitseigenschaften eines Menschen beurteilen zu können.

Zur Verdeutlichung dienen die folgenden ausführlichen Beschreibungen einiger berufsbezogener Persönlichkeitsmerkmale:

- aus dem Bereich Denkstil: „Reflektierend" (Tabelle 4)
- aus dem Bereich Arbeitsstil: „Arbeitsorganisation" (Tabelle 5)
- aus dem Bereich Beziehungsstil: „Selbstsicherheit" (Tabelle 6)

DENKSTIL: REFLEKTIEREND **Beschreibt den Grad, hinterfragend, nachdenklich, introspektiv bis philosophisch zu sein.**	
Niedrig	**Hoch**
Verbringt wenig Zeit mit Reflexion. Verspürt nur geringes Bedürfnis, tiefer nachzuforschen, um zu verstehen. Dürfte Aktivität/Handeln bevorzugen.	Denkt gern aus verschiedenen Perspektiven über Themen nach, untersucht Situationen aus unterschiedlichen Blickwinkeln, zieht Alternativen in Betracht, überlegt, warum die Dinge in der Vergangenheit passiert sind und macht sich Gedanken über die Zukunft. Neigt dazu, das „große Bild" zu sehen.
Mögliche Stärken	
• Bevorzugt unmittelbare, greifbare Ergebnisse bezüglich eines Problems. • Lässt sich nicht von zu vielen möglichen Alternativen irritieren oder bremsen. • Wird Probleme/Situationen wahrscheinlich nicht überanalysieren.	• Versteht, wie übergreifende Konzepte oder Situationen miteinander in Beziehung stehen. • Forscht nach, um zu einem tieferen Verständnis der Themen und Probleme zu kommen. • Kann langfristige Konsequenzen von Entscheidungen und Handlungen antizipieren.

Mögliche Schwächen	
• Denkt möglicherweise nicht ausreichend im Voraus oder versäumt es eventuell, langfristige Konsequenzen einer Entscheidung in Betracht zu ziehen. • Könnte wichtige Aspekte einer Situation übersehen, weil er nicht über den Augenschein hinaus nachforscht oder hinter die Kulissen schaut.	• Überanalysiert möglicherweise eine Situation oder verbringt mehr Zeit als notwendig damit, Informationen zu sammeln oder zu verarbeiten. • Könnte manchmal zu abstrakt denken oder dazu neigen, zu viele Alternativen in Betracht zu ziehen. • Könnte in einen Sachverhalt zu viel hineininterpretieren.

Tabelle 4: Ausführliche Beschreibung der Persönlichkeitseigenschaft „Reflektierend"

ARBEITSSTIL: ARBEITSORGANISATION **Beschreibt, wie jemand seinen Arbeitsplatz, seine Aufgaben, seinen Termin- und Aktionsplan organisiert.**	
Niedrig	**Hoch**
Dürfte wenig Zeit damit zubringen, seine Arbeit zu organisieren. Oder neigt dazu, Arbeit, die viel Struktur und Organisation erfordert, abzulehnen.	Zieht eine strukturierte und organisierte Herangehensweise an die Arbeit vor.
Mögliche Stärken	
• Verschwendet vermutlich keine Zeit mit Planung und Arbeitsorganisation. • Dürfte flexibel und anpassungsfähig sein. • Dürfte wahrscheinlich nicht auf einer bestimmten Herangehensweise bei der Problemlösung beharren.	• Kann an Projekte und Arbeit in einer ordentlichen Art und Weise herangehen, dürfte nichts anfangen, ohne sich vorher einen Plan gemacht zu haben. • Dürfte wahrscheinlich seine Arbeit im Voraus organisatorisch und zeitlich planen und über einen genauen Tagesplan verfügen. • Dürfte wahrscheinlich keine Zeit dafür verschwenden müssen, verlegte Gegenstände zu suchen.

Mögliche Schwächen	
• Dürfte wahrscheinlich unorganisiert erscheinen und des Öfteren nicht in der Lage sein, benötigte Dinge zu finden. • Dürfte eine Sache anfangen, ohne sich vorher die Zeit genommen zu haben, einen Projekt- oder Arbeitsplan anzulegen.	• Könnte unflexibel bezüglich seiner Zeit oder Arbeitsplanung sein, wenn sich die Prioritäten plötzlich ändern. • Verbringt möglicherweise so viel Zeit mit der Planung der Arbeit, dass ihm wertvolle Zeit für die Umsetzung der Projekte fehlt.

Tabelle 5: Ausführliche Beschreibung der Persönlichkeitseigenschaft „Arbeitsorganisation"

BEZIEHUNGSSTIL: SELBSTSICHERHEIT **Das Maß, anderen Menschen gegenüber die Initiative zu ergreifen und sicherzustellen, dass die eigene Präsenz und Meinung wahrgenommen wird.**	
Niedrig	**Hoch**
Könnte im Umgang mit anderen Menschen still und zurückhaltend erscheinen. Widerspricht nicht und sagt seine Meinung nicht.	Könnte einen kraftvollen Umgang mit anderen Menschen pflegen. Drückt sich deutlich aus. Mag Positionen mit Kontrolle und Einfluss.
Mögliche Stärken	
• Dürfte eine Person sein, mit der es leicht zu arbeiten ist und die leicht zu führen ist. • Dürfte als guter Zuhörer gelten.	• Dürfte den Willen und das Selbstvertrauen zeigen, Verantwortung zu übernehmen und Menschen zu führen. • Dürfte sich in einer Position oder Situation wohlfühlen, die Sichtbarkeit oder persönliche Macht erfordert.

Mögliche Schwächen	
• Könnte sich unwohl fühlen, wenn es darum geht, seine Meinung zu vertreten oder seine Gedanken auszusprechen. • Könnte schweigen und sich hinterher beschweren. • Könnte andere dominieren lassen. • Möglicherweise fehlt es an Selbstvertrauen oder persönlicher Kraft, um andere zu führen und ihnen die Richtung vorzugeben.	• Könnte zu aggressiv oder dominierend sein. • Könnte reden, anstatt zuzuhören. • Könnte sich weigern, sich anderen zu beugen. • Dürfte zu allem eine Meinung haben.

Tabelle 6: Ausführliche Beschreibung der Persönlichkeitseigenschaft „Selbstsicherheit"

Zu jedem der 24 Persönlichkeitsfaktoren existiert solch eine ausführliche Beschreibung. Bei der Auswertung ist immer zu beachten:

- Aus dem Report und der Grafik mit der Darstellung der 24 Persönlichkeitsfaktoren ist zu entnehmen, wie ein Mensch die angeborenen Persönlichkeitseigenschaften in seinem beruflichen Umfeld einsetzen kann. Beim Lesen des Reports und der Grafik muss die enge Verbindung zum derzeitigen Arbeitsumfeld hergestellt werden. Denn was für die eine berufliche Position eine Stärke ist, kann für eine andere Position unter Umständen eine Schwäche sein. Darum ist stets von „möglichen“ Stärken und Schwächen die Rede.
- Es gibt keine „perfekten“ oder weniger „perfekten“ Persönlichkeiten. Jeder Mensch besitzt besondere Stärken und jeder hat bestimmte Schwäche. Die *ASSESS Performance Analyse*® hilft, die eigenen Stärken besser kennenzulernen, um sie im beruflichen Umfeld effektiv nutzen zu können und die eigenen Schwächen zu kompensieren.
- Darum gilt: Hohe Bewertungen sind nicht zwangsläufig gut, während niedrigere Bewertungen nicht zwangsläufig schlecht sein müssen. Darum noch einmal: Die Ergebnisse müssen im Kontext des jeweiligen Berufes und des spezifischen Arbeitsumfeldes gesehen werden.

- Wenn ein Wert außerhalb des schraffierten Bereichs (siehe Abbildung 5), mithin außerhalb des Normbereichs liegt, heißt das nicht, dass die Führungskraft nicht erfolgreich in ihrem Beruf sein kann. Sie sollte jedoch darüber nachdenken, ob der Wert auf eine Stärke verweist, die sie ausbauen könnte, oder auf eine Schwäche, die sie an der erfolgreichen Ausübung ihrer Tätigkeit hindert.
- Die hohe Kunst der Interpretation von Report und Grafik liegt darin, die Auswertungen im Zusammenhang zu sehen und insbesondere die Ergebnisse innerhalb der drei Bereiche Denkstil, Arbeitsstil und Beziehungsstil jeweils in Beziehung zueinander zu setzen.

Zwischenfazit: Der Nutzen der ASSESS Performance Analyse®

- Die ASSESS Persönlichkeitsbefragung hat zum Ziel, die arbeitsbezogenen Persönlichkeitseigenschaften (angeborene und angelernte) zu eruieren. Diese werden mit Arbeitsplatzanforderungen abgeglichen. Der Teilnehmer erhält ein umfassendes Feedback über seine Stärken sowie über seine kritischen Erfolgsfaktoren für ein von ihm angestrebtes Arbeitsfeld.
- ASSESS enthält einen Kern von Standardfragen, die Eigenschaften messen, die sich auf eine effektive Arbeitsleistung beziehen. Dabei wird das Potenzial eines Menschen bezüglich einer Position oder Aufgabe in eine Beziehung zu einer Vergleichsgruppe gesetzt.
- Der *ASSESS Performance Analyse®* Entwicklungsreport ist ein spezifischer Report für die Personalentwicklung und Persönlichkeitsentwicklung, der zusätzlich noch die Stärken und Schwächen der Führungskraft oder des Mitarbeiters in Bezug auf die spezifischen im Job erwünschten Kompetenzen beurteilt.
- Durch die *ASSESS Performance Analyse®* erfährt das Unternehmen, mit welchen Persönlichkeitstypen es bezüglich der Führungskräfte und Mitarbeiter zu tun hat und welche Entwicklungspotenziale in der Persönlichkeit der Menschen angelegt sind.

Die *ASSESS Kompetenz Analyse®* auf der Basis eines Kompetenzmodells

Das Unternehmen weiß jetzt, über welche Persönlichkeitseigenschaften die Menschen verfügen, die in diesem Unternehmen arbeiten. Nun soll es Auskunft darüber erhalten, ob die Führungskräfte und Mitarbeiter das können, was gebraucht wird, um die Unternehmensziele zu verwirklichen und die Unternehmensziele zu erreichen. Denn das zu können, was erforderlich ist, erhöht nicht nur die Effektivität des Unternehmens, sondern vor allem auch die Zufriedenheit des Mitarbeiters an seinem Arbeitsplatz.

Bei der *ASSESS Kompetenz Analyse®* werden die berufsrelevanten Persönlichkeitseigenschaften einer Führungskraft oder eines Mitarbeiters in Relation zu einem *unternehmens- bzw. jobspezifischen Kompetenzmodell* gesetzt. Die individuellen Persönlichkeitseigenschaften der Person werden in ihren verschiedenen Kombinationen als Kompetenzen abgebildet und gegen die für die Tätigkeit geforderten Kompetenzen abgeglichen.

Somit erhält man ein genaues Bild davon, in welchen Kompetenzbereichen bei der Führungskraft oder dem Mitarbeiter Entwicklungsbedarf besteht, sodass er idealerweise über genau die Kompetenzen verfügt, die hundertprozentig zum unternehmens- bzw. jobspezifischen Kompetenzmodell passen – und letztlich ihm auch am meisten in seinem Job nützen!

Während bei der *ASSESS Performance Analyse®* also die Potenziale eines Menschen im Vordergrund stehen, kommt bei der *ASSESS Kompetenz Analyse®* die Unternehmensseite ins Spiel: Die Unternehmensleitung ermittelt – wiederum mit der Unterstützung von ASSESS-Experten – die für die Schlüsselfunktionen des Unternehmens benötigten Kompetenzen.

Wichtig ist:

Voraussetzung für die Kompetenz Analyse ist ein vorhandenes Kompetenzmodell mit einem unternehmensspezifischen, für eine bestimmte Position oder für einen bestimmten Arbeitsplatz erstellten Kompetenzprofil.

Grundlage für die Erstellung des Kompetenzmodells ist jene 38 Kompetenzen umfassende „Kompetenzbibliothek“, die wiederum die drei „Regale“ Denkstil, Arbeitsstil und Beziehungsstil umfasst, wie die Abbildung 6 zeigt:

Denkstil	Arbeitsstil	Beziehungsstil
• Visionskraft oder Innovationskraft • Systematisches Problemlöseverhalten oder Entscheidungsstärke • Veränderungsinitiative oder Anpassung an Veränderungen • Zivilcourage • Unternehmerisches Denken & Handeln • Fachkenntnis	• Planungs- und Organisationsfähigkeit • Ergebnisorientiertes Handeln oder Ergebnisse liefern • Qualitätsorientierung oder kontinuierliche Verbesserung oder Grundsatzorientierung • Sicherheits- und Risikobewusstsein • Kundenorientierung oder Kundenservice • Integrität • Belastbarkeit • Kontinuierliches Lernen	• Teamwork und Zusammenarbeit • Überzeugungskraft und Einflussnahme oder verkäuferische Überzeugungskraft • Zielorientierte Führung oder Teamführung • Mitarbeiterentwicklung • Motivationskraft • Unternehmenspolitisches Gespür oder Beziehungsmanagement • Verhandlungsführung oder Konfliktmanagement • Kommunikationsstärke • Schriftliche Kommunikation • Präsentationsfähigkeiten • Besprechungen / Meetings leiten • Aktive Teilnahme an Meetings • Kulturelles Verständnis

Abb. 6: Kompetenzbibliothek: Denkstil, Arbeitsstil und Beziehungsstil

ASSESS beschreibt jede der 38 Kompetenzen sehr ausführlich – zur Verdeutlichung werden in den Tabellen 7 bis 9 jeweils zwei Beispiele für die drei Bereiche Denkstil, Arbeitsstil und Beziehungsstil gegeben:

Zwei Beispiele für Kompetenzen im Bereich „Denkstil"
Beispiel 1: Visionskraft • Bedeutet, langfristige Ziele zu erkennen und die Einführung unterschiedlicher oder alternativer Ideen zu gestalten. • Menschen mit Visionskraft entwickeln kreative und strategische Zielsetzungen, die zukunftsweisend und proaktiv dazu beitragen, das Unternehmen wettbewerbsfähig zu halten. Sie haben innovative Denkweisen und unterstützen ähnliches Denken anderer. Sie fordern und treiben das Unternehmen zu ständiger Verbesserung und Wachstum an.

Beispiel 2: Innovationskraft

- Bedeutet, neuartige und kreative Lösungen für Probleme zu entwickeln, die in verbesserter Leistung, besseren Ergebnissen, höherer Produktivität usw. resultieren.
- Menschen mit Innovationsstärke entwickeln kreative und neuartige Ideen und Lösungen. Sie hinterfragen, wie Aufgaben in der Vergangenheit erledigt wurden und versuchen, neue Strategien zu entwickeln, um berufliche Herausforderungen oder Probleme anzugehen. Sie denken weitsichtig und nach vorne gerichtet.

Tabelle 7: Beispiele für Kompetenzen im Bereich „Denkstil"

Zwei Beispiele für Kompetenzen im Bereich „Arbeitsstil"

Beispiel 1: Ergebnisorientiertes Handeln

- Bedeutet, sowohl von sich als auch dem Unternehmen die Erreichung oder das Übertreffen vorher festgelegter Ziele einzufordern.
- Menschen, die ergebnisorientiert handeln können, sind in der Lage, konsequent Ergebnisse einzufordern. Dazu legen sie Ziele fest, erstellen Umsetzungspläne und sorgen dafür, dass diese Ziele im vorgegebenen Rahmen erreicht werden. Sie übernehmen persönlich Verantwortung für den Erfolg des Unternehmens und bestehen darauf, gute Ergebnisse zu erzielen, auch wenn sie Hindernissen gegenüberstehen.

Beispiel 2: Kundenorientierung

- Bedeutet, Kundenbedürfnisse vorauszusehen und Produkte und Dienstleistungen zu entwickeln, zu fördern oder zu unterstützen, die die Erwartungen der Kunden übertreffen.
- Menschen mit Kundenorientierung haben den Wunsch, die Kunden zufriedenzustellen, und versuchen, die Wünsche der Kunden vorauszusehen. Sie treiben ihre Kollegen und Mitarbeiter an, mehr zu tun als gewünscht wird, um die Kunden mehr als zufriedenzustellen.

Tabelle 8: Beispiele für Kompetenzen im Bereich „Arbeitsstil"

Zwei Beispiele für Kompetenzen im Bereich „Beziehungsstil"
Beispiel 1: Zielorientierte Führung • Bedeutet, andere zu führen und zu motivieren, um die Unternehmensziele und individuelle Zielsetzungen zu erreichen. • Menschen mit dieser Kompetenz managen und kontrollieren effektiv ihre Mitarbeiter. Sie motivieren sie dazu, Ziele zu setzen und alle notwendigen Schritte für ihre erfolgreiche Erreichung zu unternehmen. Durch Motivation und Feedback fordern und fördern sie die Leistung anderer. Sie delegieren Verantwortung an die Mitarbeiter und stärken sie, leistungs- und zielorientiert zu arbeiten.
Beispiel 2: Mitarbeiterentwicklung • Bedeutet, andere zu beraten, zu unterstützen, ihnen Feedback zu geben und als Mentor zur Seite zu stehen, um die Entwicklung ihrer beruflichen Kompetenzen und ihr langfristiges Karrierewachstum zu fördern und ihnen Input dazuzugeben. • Menschen mit dieser Kompetenz sind aufrichtig an der Entwicklung und dem Erfolg anderer interessiert. Sie geben ihnen ehrliches Feedback, unterstützen sie durch Anleitung und darin, ihre individuellen Ziele zu erreichen und die Herausforderungen zu meistern. Allgemein sind sie sehr positiv, objektiv und fair.

Tabelle 9: Beispiele für Kompetenzen im Bereich „Beziehungsstil"

Aus der Kompetenzbibliothek mit ihren 38 Kompetenzen werden die Kompetenzprofile abgeleitet – so, wie es im Eingangsbeispiel dieses Kapitels ab der Seite 67 beschrieben worden ist. Zu empfehlen ist, für alle zur Visionsverwirklichung relevanten Positionen und Bereiche ein Kompetenzmodell zu entwickeln, also zum Beispiel zunächst einmal für die Managementpositionen und dann für jeden Schlüsselarbeitsplatz oder für sogenannte Arbeitsplatzfamilien wie etwa den Bereich Sales.

Es liegen einige Standardmodelle vor, die von der Scheelen® AG entwickelt worden sind – die Abbildung 7 gibt einen Überblick über die Kompetenzmodelle für die Jobbereiche „Geschäftsführer“, „Abteilungsleiter“, „Gruppenleiter“, „Verkaufsleiter“ und „Sales Professional“ sowie „Sachbearbeiter/Spezialist“. Ein Unternehmen, das mithilfe des Kompetenzdiagnostiktools seine Vision und Strategie realisieren möchte, kann diese Standardmodelle aber abändern und modifizieren – und selbstverständlich ein vollkommen neues Kompetenzmodell entwickeln.

Geschäftsführer	Abteilungsleiter	Gruppenleiter	Verkaufsleiter	Sales Professional	Sachbearbeiter / Spezialist
Visionskraft	Entscheidungsstärke	Entscheidungsstärke	Entscheidungsstärke	Entscheidungsstärke	Entscheidungsstärke
Systematisches Problemlöseverhalten	Veränderungsinitiative	Anpassung an Veränderung	Ergebnisorientiertes Handeln	Planungs- und Organisationsfähigkeit	Anpassung an Veränderungen
Veränderungsinitiative	Planungs- und Organisationsfähigkeit	Planungs- und Organisationsfähigkeit	Kundenorientierung	Ergebnisse liefern	Planungs- und Organisationsfähigkeit
Ergebnisorientiertes Handeln	Ergebnisorientiertes Handeln	Ergebnisorientiertes Handeln	Belastbarkeit	Kundenservice	Ergebnisse liefern
Überzeugungskraft und Einflussnahme	Zielorientierte Führung	Zielorientierte Führung	Verkäuferische Überzeugungskraft	Belastbarkeit	Belastbarkeit
Zielorientierte Führung	Mitarbeiterentwicklung	Mitarbeiterentwicklung	Zielorientierte Führung	Verkäuferische Überzeugungskraft	Teamwork und Zusammenarbeit
Unternehmenspolitisches Gespür	Beziehungsmanagement	Motivationskraft	Motivationskraft	Beziehungs-management	Kommunikationsstärke
Unternehmerisches Denken und Handeln	Unternehmerisches Denken und Handeln	Fachkenntnis	Präsentationsfähigkeiten	Verhandlungsführung	Fachkenntnis
Integrität	Integrität	Integrität	Verhandlungsführung	Präsentationsfähigkeit	Integrität
Zivilcourage	Schriftliche Kommunikation			Fachkenntnis	
Präsentationsfähigkeit					
Kontinuierliches Handel					

Abb. 7: Kompetenz-Standardmodelle

• Entwicklung eines Kompetenzmodells – das Beispiel „Leading others"

Bei „Leading others" stand die Entwicklung eines Kompetenzmodells im Vordergrund, das auf Personen zugeschnitten ist, deren originäre Aufgabe darin besteht, andere Menschen zu führen. Dazu wurde ein *SSM-Workshop* durchgeführt. Auch in diesem Prozess wurde – wie im Eingangsbeispiel – die geleitete Gruppendiskussion mit dem Einsatz der softwaregestützten Bewertung kombiniert, um ein Modell zu entwickeln, das die wichtigsten Faktoren der Position „Leading others" umfasst.

Der *SSM-Prozess* umfasste die folgenden Schritte:

Erster Schritt: Diskussion der Position

In der Gruppendiskussion mit den Workshopteilnehmern wurden die für den Erfolg in der Zielposition bzw. in den Zielpositionen wichtigen Faktoren herausgearbeitet: Welche Kompetenzen benötigt die Führungskraft, um optimal zur Erreichung der Unternehmensziele beizutragen? Dabei wurden die folgenden Gebiete angesprochen:

- Unternehmensvision und -strategie,
- wichtige Ergebnisse oder Erfolge, die von Topleistungsträgern erwartet werden, um die Unternehmensstrategie zu unterstützen, und

- die unterschiedlichen Verhaltensweisen von Topleistungsträgern, durchschnittlichen und schlechten Leistungsträgern und die Auswirkungen auf das Ziel, die Unternehmensziele zu verwirklichen.

Schließlich konnten die Workshopteilnehmer einen Konsens über die wichtigsten Erfolgsfaktoren erzielen und daraus ein „ideales“ Jobprofil ableiten. Dieses „ideale“ Jobprofil stellte die Basis dar für die Entwicklung des Kompetenzmodells.

Zweiter Schritt: Überprüfung der SSM-Kompetenz-Bibliothek
Die Teilnehmer haben anschließend die „*ASSESS Strategische Erfolgsmodellierung*“-Bibliothek mit jenen 38 Kompetenzen durchgearbeitet. Zum Einsatz kamen Kartensätze, Kompetenzbezeichnungen, Definitionen und Verhaltensweisen, die jedem Teilnehmer zur Prüfung vorgelegt wurden. Über jede Kompetenz und die dazugehörigen Verhaltensweisen wurden gründliche Diskussionen geführt, bis ein Konsens aller Teilnehmer erreicht war.

Dritter Schritt: Auswahlübungen
Die Workshopteilnehmer führten drei separate Arbeitsschritte durch, bei denen Karten sortiert und ausgewählt werden mussten. Diese wechselten mit moderierten Diskussionen, Konsensgesprächen und Abstimmungen.

1. *Erste Auswahl – Paare*: In der *SSM-Bibliothek* werden bestimmte Kompetenzen, die sich konzeptuell überschneiden, als „Paare“ bezeichnet. Beispiele sind etwa beim Denkstil das Paar „Visionskraft *oder* Innovationskraft“, beim Arbeitsstil „Ergebnisorientiertes Handeln *oder* „Ergebnisse liefern“ und beim Beziehungsstil „Zielorientierte Führung *oder* Teamführung“.
   Die Teilnehmer bestimmten zunächst, ob das Konzept der gepaarten Kompetenzen für den Führungsjob relevant ist, und wenn ja, welches der Paare die größte Relevanz hat. Die ausgewählten Karten wurden zur weiteren Berücksichtigung für die folgenden Auswahlrunden zurückbehalten, während die nicht ausgewählten Kompetenzen ausgesondert wurden.
   Bezüglich der genannten Paare entschieden sich die Teilnehmer für „Visionskraft“, „Ergebnisorientiertes Handeln“ und „Zielorientierte Führung“ – und gegen „Innovationskraft“, „Ergebnisse liefern“ und „Teamführung“.

In einigen Fällen entschieden die Teilnehmer, dass trotz Überschneidung beide Kompetenzen zur weiteren Berücksichtigung zurückbehalten werden sollten.

2. *Zweite Auswahl – Singles*: Die Teilnehmer überprüften als Nächstes die noch in der Kompetenzbibliothek verbliebenen Karten (die „Singles") und definierten individuell die Kompetenzen, die ihrer Ansicht nach in der/den Zielposition(en) wichtig sind, indem sie Kompetenzkarten in den Stapel „Berücksichtigung" gaben. Die beiseitegelegten Karten wurden für jede Kompetenz vom Workshopleiter unter Zuhilfenahme der *SSM-Software* gewertet.
3. *Dritte Auswahl – die ausgewählten Kompetenzen*: Die letzte Runde umfasste eine sorgfältige Prüfung aller Kompetenzen, die in den Runden 1 und 2 für eine weitere Berücksichtigung zurückbehalten wurden. Die Teilnehmer wählten individuell die fünf bis zehn Kompetenzen, die sie für die Zielposition(en) als wichtig erachteten, indem sie den verbleibenden Kartensatz in die Stapel „Verwerfen" oder „Behalten" sortierten. Der Workshopleiter sortierte unter Zuhilfenahme der *SSM-Software* die unter „Behalten" für jede Kompetenz verbliebenen Karten. Die Gruppenbewertung der „Behalten"-Stimmen wurde als Grundlage für eine Diskussion verwendet, um einen Konsens über die Kompetenzen, die in das endgültige Modell eingehen sollten, zu erzielen.

Vierter Schritt: Kompetenzüberprüfung und Einfügung zusätzlicher Kompetenzen

Die Workshopteilnehmer überprüften das Modell, um sicherzustellen, dass alle Kompetenzen, die bei der Auswahl zurückbehalten wurden, für die wichtigen Jobelemente relevant sind (Ergebnisse/Verhalten), die in der Besprechung der Position(en) herausgearbeitet wurden. Für alle erfolgsrelevanten Eigenschaften, die durch das Modell nicht ausreichend abgedeckt waren, wurden zusätzliche Kompetenzen hinzugefügt.

- *Kompetenzüberprüfung*: Die Teilnehmer überprüften in einer Gruppendiskussion die wichtigen Jobelemente, die den Erfolg gemäß der Festlegung im ersten Schritt definieren, und ordneten diese Elemente den Kompetenzen zu, die nach Auswahl Drei für das Modell zurückbehalten wurden. Bei den Ergebnissen/Verhaltensweisen, die keiner der ausgewählten Kompetenzen zugeordnet werden konnten, konzentrierte sich die Diskussion auf die Bedeutung dieses Ergebnisses/Verhaltens für den

Erfolg in dieser Position. Wenn sie für wichtig befunden wurden, wurde darüber diskutiert, ob eine zuvor aussortierte Kompetenz erneut aufgenommen oder eine neue Kompetenz zum Modell hinzugefügt werden sollte. Wo in anderen Fällen ausgewählte Kompetenzen nur wenige zugeordnete Jobelemente hatten, wurde die generelle Relevanz dieser Kompetenz diskutiert, und in einigen Fällen wurde die Beschreibung des Joberfolgs um einige zusätzliche Elemente erweitert. Dieser Prozess wurde so lange wiederholt, bis ein Konsens erreicht wurde.

- *Zusätzliche Kompetenzen*: Die Teilnehmer sprachen auch über die Notwendigkeit, das Modell um neue Kompetenzen zu erweitern. Dabei wurde auch eine Diskussion über wichtige Fachkompetenzen geführt, die für die Position(en) benötigt werden, oder positionsspezifische Kompetenzen, die *nicht* in der *SSM-Bibliothek* enthalten sind. Alle zusätzlichen Kompetenzen, die die Gruppe für wichtig erachtete, wurden auf die endgültige Liste für das Kompetenzmodell gesetzt. Diese wurde in weiteren Folgeschritten verfeinert und um Definitionen und Verhaltensbeschreibungen erweitert.

Fünfter Schritt: Verfeinerung des Modells

Nach der Festlegung der endgültigen Kompetenzen für das Modell überprüften die Teilnehmer die Bezeichnungen, Definitionen und Verhaltensweisen für jede Standardkompetenz, um zu bestimmen, ob Wortwahl oder Formulierungen für das Unternehmen und die Zielposition(en) passend sind und mit dem „Wording“ des Unternehmens übereinstimmen.

Änderung einer *SSM-Kompetenz*: So geht es genau

- *Standardformulierung*: unternehmerisches Denken und Handeln: Hat ein ausgezeichnetes Verständnis für allgemeine Unternehmenskonzepte/wendet sein/ihr allgemeines unternehmerisches Wissen effektiv auf die aktuellen Themen im Unternehmen an/hat ein ausgezeichnetes Verständnis allgemeiner Buchhaltungs- und Finanzkonzepte/wendet sein/ihr Wissen über allgemeine Geschäfts-, Buchhaltungs- und Finanzkonzepte effektiv auf die aktuellen Themen im Unternehmen an.
- *„Neue" Definition und Formulierung*: unternehmerische Kompetenz: Hat ein hervorragendes Verständnis allgemeiner Geschäftsprozesse/wendet sein/ihr allgemeines Geschäftswissen effektiv auf die Themen an, die in diesem Unternehmen relevant sind/hat ein hervorragendes Verständnis allgemeiner Managementkonzepte/wendet sein/ihr Wissen ergebnisorientiert an.

In dieser Phase wurden alle zusätzlichen Kompetenzen, die bei der Kompetenzüberprüfung hinzugefügt wurden, ebenfalls definiert und es wurden jeweils drei bis fünf **Verhaltensweisen** festlegt, an der sich diese Kompetenzen erkennen lassen, und in die *SSM-Software* aufgenommen. Um welche Verhaltensweisen es sich genau handelt und wie sie beschrieben werden können, diskutierten die Workshopteilnehmer in einem oft kontroversen Prozess.

Sechster Schritt: Das Kompetenzmodell

Am Ende des Prozesses stand die Übernahme der folgenden 14 Kompetenzen in das Kompetenzmodell „Leading others“:

- Visionskraft,
- Entscheidungsstärke,
- Veränderungsinitiative,
- unternehmerisches Denken und Handeln,
- Planungs- und Organisationsfähigkeit,
- ergebnisorientiertes Handeln,
- Integrität,
- kontinuierliches Lernen,
- Überzeugungskraft und Einflussnahme,
- zielorientierte Führung,
- Mitarbeiterentwicklung,
- Motivationskraft,
- Beziehungsmanagement,
- Präsentationsfähigkeiten.

Zwischenfazit: Zur Bedeutung eines Kompetenzmodells

- Mit einem Kompetenzmodell ist der ideale Soll-Zustand beschrieben.
- Es umfasst diejenigen Kompetenzen, über die zum Beispiel eine Führungskraft in Gänze verfügen sollte, um auf optimale Art und Weise mithilfe ihrer Fähigkeiten zur Erreichung der Unternehmensziele beizutragen.

Der Zusammenhang zwischen den Persönlichkeitseigenschaften und den Kompetenzen

Jetzt liegt also ein Kompetenzmodell für „Leading others“ vor. In einem nächsten Schritt werden die im Kompetenzmodell festgelegten Kompetenzen mit den 24 Persönlichkeitseigenschaften in einen Zusammenhang gebracht.

Dazu erinnern wir uns einmal an die Definition des Kompetenzbegriffes.

> „Eine Kompetenz ist die Summe aller Fähigkeiten, Fertigkeiten, Kenntnisse, Persönlichkeits- und Verhaltensmerkmale, die als Grundlage dienen, um eine Funktion in einer Organisation erfolgreich und effektiv so zu erfüllen, dass damit die Erreichung von strategischen Unternehmenszielen unterstützt wird."

Das bedeutet: **Eine Kompetenz kann verstanden werden als das Ergebnis mehrerer miteinander verknüpfter Persönlichkeitsfaktoren, welche sowohl aus angeborenen Charaktereigenschaften und Persönlichkeitsmerkmalen als auch aus erworbenen Eigenschaften bestehen.**

Die ASSESS-Entwickler haben im Rahmen ihrer jahrelangen Forschungstätigkeit eine Beziehung zwischen den spezifischen Persönlichkeitseigenschaften eines Menschen mit einer spezifischen Kompetenz hergestellt. Dabei sind sie von den folgenden Voraussetzungen ausgegangen:

- Es existiert nicht nur eine einzelne Beziehung zwischen einer Charaktereigenschaft und nur einer Kompetenz. Eine individuelle Eigenschaft oder Kombination von Eigenschaften kann mehrere Kompetenzbereiche beeinflussen.
  Beispiel: Die Durchsetzungsfähigkeit kann sowohl beeinflussen, wie ein Mitarbeiter andere Mitarbeiter managt, als auch, wie er im Team zusammenarbeitet.
- Eine Charaktereigenschaft kann ein Gewinn für eine Kompetenz und eine Last für eine andere sein.
  Beispiel: Eine starke Selbstsicherheit etwa kann ein Gewinn beim Beeinflussen anderer sein. In einem von Teamgeist geprägten Umfeld kann sich diese Kompetenz jedoch zu einem Problem entwickeln.

- „Mehr“ ist nicht immer gleichbedeutend mit „besser“. Für einige Charaktereigenschaften kann die Beziehung zwischen der Eigenschaft und dem, was für eine spezifische Kompetenz wünschenswert ist, gekrümmt verlaufen.
  Beispiel: Ein übermäßig hoher Grad an realistischem Denken kann für eine visionsorientierte Kompetenz ebenso wenig wünschenswert sein wie ein äußerst geringer Grad.
- Nicht alle Kompetenzen werden durch messbare Persönlichkeits- oder Fähigkeitseigenschaften beeinflusst.
  Beispiel: Die Kompetenzen „Integrität“ und „Präsentationsfähigkeiten“ werden durch keine messbare Charaktereigenschaft stark beeinflusst. Deshalb sind diese Kompetenzen durch andere Methoden, wie etwa strukturierte Interviews oder 360°-Feedback, besser messbar.

Zudem identifizierten die ASSESS-Entwickler die Kerneigenschaften für jede Kompetenz, die die ASSESS-Messung von Persönlichkeitseigenschaften zusammenfassen. Während viele Eigenschaften einen möglichen Einfluss auf die Ausprägung einer Kompetenz haben, wurden nur die kritischen Eigenschaften mit dem größten Einfluss den einzelnen Kompetenzen zugeordnet. Schließlich identifizierten die ASSESS-Entwickler zudem „wünschenswerte“ und „unerwünschte“ Skalen für jede Eigenschaft mit Bezug zu dieser Kompetenz und entwickelten für jede mögliche Kombination von Eigenschaften Inhalte für Personalentwicklungsreports, die den Einfluss – entweder in einem positiven oder einem negativen Sinn – der Profile in Bezug auf spezifische Kompetenzen beschreiben.

• Beispiel: Die Kompetenz „Visionskraft" und ihre Persönlichkeitseigenschaften

Konkret wird dies nun an dem Beispiel der „Visionskraft“ gezeigt; diese Kompetenz ist in das Kompetenzmodell „Leading others“ aufgenommen worden.

Die Kompetenz „Visionskraft“ bedeutet – wir erinnern uns –, langfristige Ziele zu erkennen und die Einführung unterschiedlicher oder alternativer Ideen zu gestalten. Eine Führungskraft, die die Kompetenz „Visionskraft“ besitzt, generiert kreative und strategische Zielsetzungen, die zukunftsweisend und proaktiv dazu beitragen, das Unternehmen wettbewerbsfähig zu halten. Sie denkt in innovativen Wegen und unterstützt ähnliches Denken bei anderen. Sie fordert und treibt das Unternehmen an, sich ständig zu verbessern und zu wachsen. Also:

- Sie denkt auf innovative und kreative Weise;
- sie betrachtet taktische Probleme oder Initiativen umfassend und sucht nach Lösungen, die die strategischen Ziele unterstützen;
- sie erarbeitet neue Ideen und Lösungen, die erfolgreich umgesetzt werden können;
- sie verlangt dem Unternehmen ständig ab, sich weiterzuentwickeln, zu verbessern und zu wachsen;
- sie erarbeitet die langfristigen zukünftigen Ziele für das Unternehmen und/oder die Abteilung;
- sie setzt sich bis zur erfolgreichen Umsetzung für ihre Ideen ein;
- sie unterstützt und befürwortet die strategischen Initiativen anderer.

Und das sind die Ausprägungsgrade der sechs Persönlichkeitseigenschaften aus dem jene 24 Persönlichkeitsfaktoren umfassenden Katalog, die nach den Erkenntnissen der ASSESS-Entwickler mit der Kompetenz „Visionskraft“ übereinstimmen:

- **Persönlichkeitseigenschaft 1 – reflektierend hoch**: bedeutet, die Tendenz zu haben, eher scharfsinnig, introspektiv und philosophisch als weniger nachdenklich zu sein.
- **Persönlichkeitseigenschaft 2 – realistisch denkend niedrig**: bedeutet, die Tendenz zu haben, eher ein einfallsreicher, vielleicht von Sehnsüchten erfüllter Denker zu sein als ein eher praktischer und im Hier und Jetzt Denkender.
- **Persönlichkeitseigenschaft 3 – Entscheidungsfindung hoch**: bedeutet, die Tendenz zu haben, ernsthaft und wohlüberlegt in Bezug auf Informationen/Situationen zu sein.
- **Persönlichkeitseigenschaft 4 – Umgänglichkeit hoch**: bedeutet, die Tendenz zu haben, eher in einer Gruppe die Initiative zu ergreifen, präsent zu sein und sich durchzusetzen, als jemand zu sein, der im Hintergrund bleiben möchte.
- **Persönlichkeitseigenschaft 5 – Eigenständigkeit hoch**: bedeutet, Selbstständigkeit vorzuziehen und Verantwortung zu übernehmen anstatt sich

auf die Unterstützung anderer zu verlassen, danach zu suchen oder diese zu akzeptieren.

- **Persönlichkeitseigenschaft 6 – Arbeitstempo hoch**: bedeutet, die Tendenz zu haben, Ideen schneller hervorzubringen und umzusetzen, als jemand, der ein niedrigeres Arbeitstempo hat.

Nun müssen wir zur weiteren Verdeutlichung das Kompetenzprofil einer konkreten Führungskraft heranziehen. Nehmen wir die Führungskraft Michael Schmidt – die Abbildung 8 zeigt auf der linken Seite die 14 aus dem Kompetenzmodell „Leading others“ bekannten Kompetenzen.

Zudem zeigt die Abbildung mithilfe der Prozentzahlen die Übereinstimmung der Persönlichkeitsergebnisse von Michael Schmidt mit den einzelnen Kompetenzen des verwendeten Kompetenzmodells an.

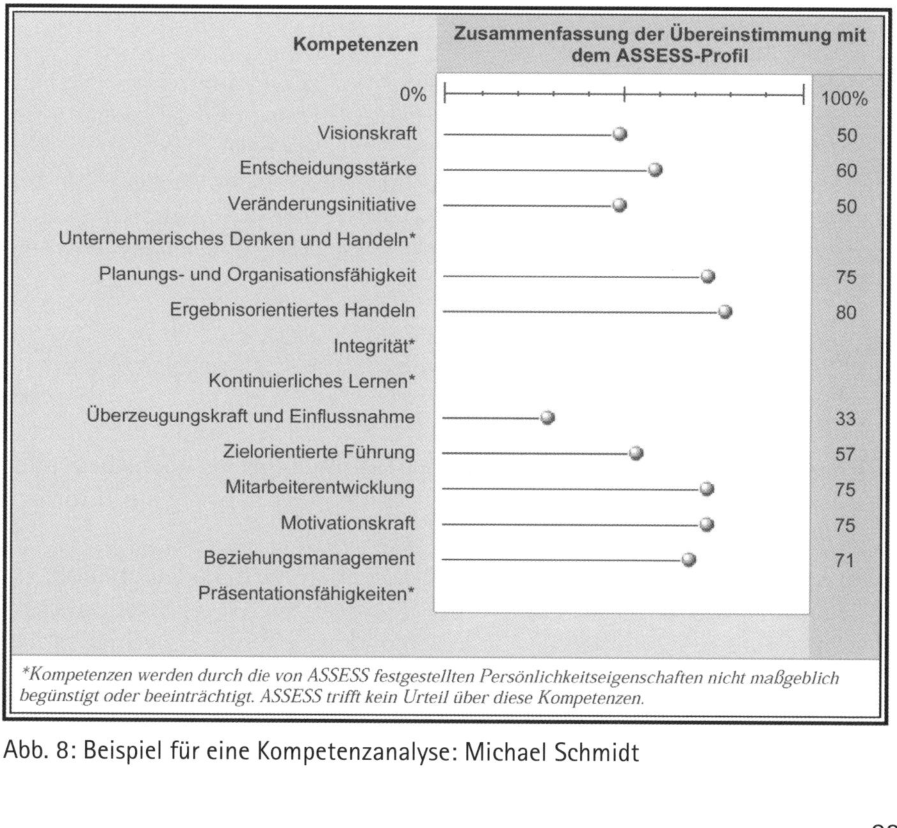

Abb. 8: Beispiel für eine Kompetenzanalyse: Michael Schmidt

Was uns die Abbildung noch verrät: Die Zusammenfassung der Resultate zeigt den Prozentrang Ihrer Persönlichkeitscharakteristika bezüglich jeder einzelnen Kompetenz an. Eine starke Ausprägung eines Wertes weist auf eine Persönlichkeit hin, die in der Lage sein sollte, diese Kompetenz zu aktualisieren. Michael Schmidt sollte demnach beim „Ergebnisorientierten Handeln" keine größeren Probleme haben – der Wert der Übereinstimmung mit dem Kompetenzmodell liegt bei 80 Prozent. Die Persönlichkeitseigenschaften von Michael Schmidt sind also zu 80 Prozent derart ausgeprägt, dass sie einen günstigen Einfluss auf die Kompetenz „Ergebnisorientiertes Handeln" haben.

Anders sieht es bei der Kompetenz „Überzeugungskraft und Einflussnahme" aus. Die niedrige Ausprägung von 33 Prozent weist auf Persönlichkeitseigenschaften hin, die eine Weiterentwicklung benötigen, um diese Kompetenz zu fördern. Und auch der Wert bei der „Visionskraft" liegt bei unserer beispielhaften Führungskraft, Michael Schmidt, eher niedrig.

Übrigens: Die Werte bei den Kompetenzen „Unternehmerisches Denken und Handeln", „Integrität", „Kontinuierliches Lernen" und „Präsentationsfähigkeiten" fehlen, weil es sich um Kompetenzen handelt, die durch die von ASSESS festgestellten Persönlichkeitseigenschaften nicht maßgeblich begünstigt oder beeinträchtigt werden. Die anderen elf Kompetenzen jedoch werden durch die von ASSESS festgestellten Persönlichkeitsfaktoren beeinflusst.

Bei Michael Schmidt stellt sich der Zusammenhang zwischen der Kompetenz „Visionskraft" und jenen sechs Persönlichkeitseigenschaften – siehe dazu Abbildung 9 – wie folgt dar:

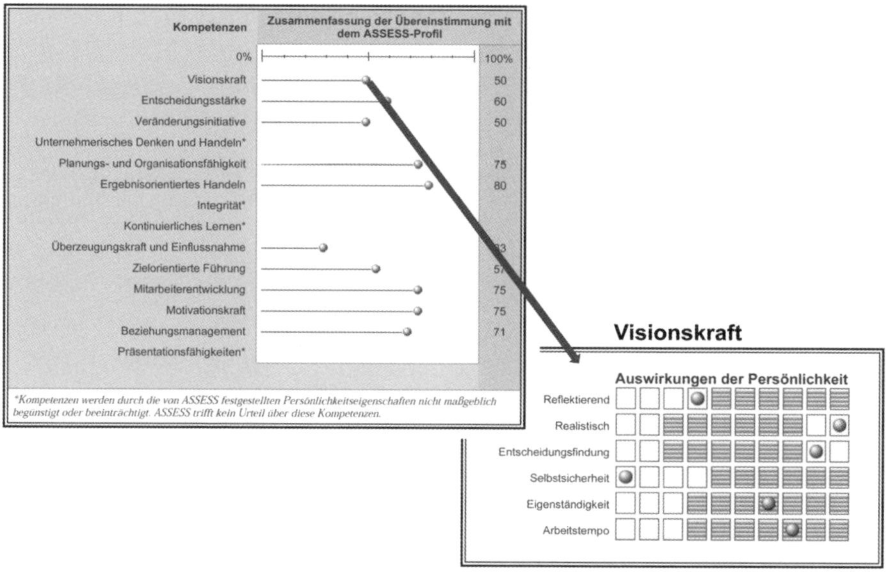

Abb. 9: Zusammenhang zwischen Kompetenz „Visionskraft" und Persönlichkeitseigenschaften: Michael Schmidt

Wie ist die Grafik zu lesen?

Der Visionskraft sind ja – wie wir sehen – sechs Persönlichkeitseigenschaften zugeordnet. Die Bewertung jeder der persönlichen Eigenschaften von Michael Schmidt wird durch das Punktsymbol dargestellt. Diejenigen Bereiche, in denen eine Eigenschaft hilfreich für die Ausübung der Kompetenz sein könnte, sind schattiert. Bei Michael Schmidt sind dies die Eigenständigkeit und das Arbeitstempo.

Diejenigen Bereiche, in denen eine Persönlichkeitseigenschaft hinderlich sein könnte, sind nicht schattiert – bei unserer Führungskraft, Michael Schmidt, sind dies die Persönlichkeitsfaktoren „Reflektierend“, „Realistisch“, „Entscheidungsfindung“ und „Selbstsicherheit“.

Tabelle 10 zeigt, wie das Kompetenzdiagnostiktool die Ergebnisse zu der Kompetenz „Visionskraft“ bei Michael Schmidt interpretiert.

Interpretation der Kompetenz „Visionskraft" bei Michael Schmidt
Förderlich • Aufgrund Ihrer Selbstständigkeit sind Sie wahrscheinlich in der Lage, die Initiative zu ergreifen, um neue Ideen oder Visionen in Ihrem Unternehmen zu verfechten. • Ihr Arbeitstempo und Ihre große Energie dürften Ihre Fähigkeit begünstigen, Ideen hervorzubringen und zu verfechten. Sie sollten in der Lage sein, persönlichen Einsatz zu zeigen, um eine Vision im Unternehmen durchzusetzen.
Potenzielle Probleme • Da Sie etwas weniger kritisch denken, als es für diese Kompetenz wünschenswert wäre, sollten Sie bewusst versuchen, Sachverhalte umfassender und langfristiger zu betrachten, wenn Sie die Ziele und Richtung für Ihre Gruppe festlegen. • Auch wenn Ihr Pragmatismus sicherlich von Vorteil sein kann, haben Sie wahrscheinlich die Tendenz, die praktischen Aspekte zulasten der Innovation und Kreativität überzubetonen. Bemühen Sie sich, den Wert neuer Methoden, die auf den ersten Blick idealistisch oder unpraktisch erscheinen, abzuwägen. • Aufgrund Ihrer vorsichtigen Denkweise könnten Sie gelegentlich zu lange zögern, bevor Sie sich für eine Idee oder Vorgehensweise entscheiden. Dies kann dazu führen, dass Ihnen Chancen entgehen. • Ihre Tendenz, sich im Umgang mit anderen nicht zu behaupten, könnte Ihre Fähigkeit beeinträchtigen, Ideen zu vermitteln und zu verfechten. Daher haben Sie möglicherweise Schwierigkeiten, sich die Unterstützung oder den Rückhalt im Unternehmen zu sichern, um Ihre Ideen in die Realität umzusetzen. Sie sollten über die Entwicklungsvorschläge nachdenken, die in einem nachfolgenden Abschnitt dieses Berichts angeboten werden, um energischer zu werden. • Ihre große Energie gleicht wahrscheinlich Ihre vorsichtige und zurückhaltende Vorgehensweise aus. Auch wenn Sie ernsthaft nachdenken, sind Sie wahrscheinlich in der Lage, schneller zu reagieren, als Ihre beachtliche Selbstkontrolle vermuten lässt.

Tabelle 10: Interpretation der Kompetenz „Visionskraft" bei Michael Schmidt

Nun ist es an der Zeit, ein Zwischenfazit zu ziehen. Immerhin wissen wir nun, über welche Kompetenzen unsere beispielhafte Führungskraft tatsächlich verfügt. Ein Abgleich mit dem „idealen" Kompetenz-Soll-Zustand erlaubt nun die Beantwortung der Frage, was Michael Schmidt tun kann und tun sollte, um Kompetenzen auf- oder auszubauen.

Zwischenfazit: Kompetenz-Ist-Zustand steht fest

- Die Beschreibung aller elf Kompetenzen der Führungskraft Michael Schmidt bezüglich des Kompetenzmodells „Leading others" erlaubt die konkrete Einschätzung seiner Führungsfähigkeiten.
- Kompetenz für Kompetenz beschreibt ASSESS den Zusammenhang zwischen Kompetenz und Persönlichkeitsmerkmalen – dem Unternehmen liegt somit eine detaillierte Analyse des Kompetenz-Ist-Zustandes der Führungskraft vor.

Entwicklungsvorschläge für die Führungskraft: Der Kreis schließt sich

ASSESS gibt in dem Entwicklungsbericht („Report") konkrete Entwicklungsvorschläge, wie Michael Schmidt die kritischen Persönlichkeitseigenschaften so entwickeln kann, dass sie einen förderlichen und hilfreichen Einfluss auf die Kompetenzen nehmen. Und das Unternehmen verfügt über einen Ansatzpunkt, die Führungskraft so weiterzuentwickeln, dass sie genau diejenigen Kompetenzen aufbaut, ausbaut und stärkt, die Voraussetzung dafür sind, die gesetzten Unternehmensziele zu erreichen und die Unternehmensvision zu verwirklichen. Der Kreis schließt sich.

Zu der Persönlichkeitseigenschaft „Reflektierend" erhält Michael Schmidt die in Tabelle 11 aufgelisteten Entwicklungsvorschläge:

Entwicklungsvorschläge für Michael Schmidt
Es geht um die Persönlichkeitseigenschaft „Reflektierend". Die davon möglicherweise beeinflusste Kompetenz ist die **Visionskraft**. Michael Schmidt wird mitgeteilt: • „Ihre Antworten in der Befragung zeigen, dass Sie dazu tendieren können, Informationen ‚unbesehen' zu akzeptieren, statt unter die Oberfläche zu schauen. • Die positive Seite ist, dass Sie sich wahrscheinlich nicht mit dem Bedarf belasten, übermäßig viele Informationen zu benötigen, oder zur ‚Paralyse der Analyse' neigen. • Die negative Seite ist jedoch, dass Sie zu Entscheidungen neigen, die auf oberflächlichen Informationen, Problemen oder Situationen beruhen, statt Dinge mit ausreichender Tiefe zu ergründen. (Sie können zum Beispiel manchmal zu schnell darin sein, Ansichten oder Entscheidungen anderer Personen zu akzeptieren, wenn eine sorgfältige Überlegung aller Themen Sie zu einer anderen Schlussfolgerung geführt hätte.)

Um Ihre Fähigkeit zu Wahrnehmung und Gründlichkeit in Ihrer Analyse zu erhöhen, ziehen Sie eine oder mehrere der folgenden Aktivitäten in Betracht: • Statt eine Schnelllösung zu finden, wenn ein Problem auftritt, sehen Sie das Problem im großen Rahmen, indem Sie alle verfügbaren Optionen betrachten. • Schauen Sie sich in Ihrer Organisation um und sammeln Sie Informationen darüber, was andere tun. • Versuchen Sie, Wege zu finden, andere Personen in Problemlösungen oder bei der Durchführung von Lösungen einzubeziehen. • Solche Maßnahmen werden wahrscheinlich Ihr Verständnis über das Problem vertiefen, und das wird Ihnen auch helfen, andere Menschen in Ihrem Umfeld zu unterstützen, Problemlösungen zu finden. • Entwickeln Sie Ihre Problemanalysefähigkeiten, indem Sie die folgenden Arten von Fragen verwenden, um Probleme zu bewerten, die man hätte vorhersehen können oder die vermeidbar gewesen wären: – Wenn ja, welche Maßnahmen hätten unternommen werden können, um das Problem zu verhindern - und von wem? – Wer sind die Personen, die über dieses Problem hauptsächlich besorgt oder darin potenziell involviert sind? – Welche Informationen könnten diese betroffenen Personen bieten? – Hätte dieses Problem leichter durch ein Team statt von nur einer Person gelöst werden können? – Was könnte man tun, um das Wiederauftreten dieses Problems zu verhindern?"

Tabelle 11: Entwicklungsvorschläge für Michael Schmidt

• Der persönliche Maßnahmenplan für die Führungskraft

Der ASSESS-Report bleibt bei jenen Entwicklungsvorschlägen nicht stehen und gibt ausführliche Hinweise, die Michael Schmidt dabei unterstützen, Ziele zu definieren und Maßnahmenpläne zu erstellen, um an seinen Schwächen zu arbeiten und seine Stärken zur Geltung zu bringen. Die Maßnahmenpläne helfen ihm, seine persönlichen Eigenschaften weiterzuentwickeln, Stärken auszubauen und Schwächen zu minimieren. Er arbeitet daran, diejenigen Kompetenzen und Verhaltensweisen zu entfalten, die er braucht, um in seiner Arbeit erfolgreich zu sein.

Demnach sollte Michael Schmidt darüber nachdenken, wie er seine Stärken bestmöglich nutzen kann, um leistungsfähig zu sein. Dazu listet er auf einem Blatt Papier jene Aspekte und Fähigkeiten seiner Persönlichkeit auf, die ihn in die Lage versetzen, seine Arbeit gut zu machen, und die ihm helfen können, zukünftig erfolgreich zu sein.

„Wie kann ich meine Stärken in Zukunft noch besser einsetzen, um gute Leistungen zu bringen?“ Und: „In welchen Bereichen muss ich mich unbedingt verbessern und Kompetenzlücken schließen?“ Das sind die zwei entscheidenden Fragen, auf die Michael Schmidt fundierte und zukunftsweisende Antworten finden muss. Dann entwickelt er einen Umsetzungsplan, in dem er – am besten verknüpft mit einem genauen Zeitplan – festlegt, was er tun will, um seine Stärken und Schwächen zu bearbeiten. Sinnvoll ist es, dabei die gewünschten Ergebnisse so genau wie möglich zu benennen – auch, um eine Erfolgskontrolle durchführen zu können.

Mögliche Maßnahmen, um zu Verbesserungen zu gelangen, sind entsprechende Aktivitäten am Arbeitsplatz, Ausbildungs- und Schulungsangebote, Bücher und andere freiwillige Aktivitäten, die unsere Führungskraft eigeninitiativ ergreift.

Michael Schmidt sollte jedoch zugleich ein Treffen mit seinem Vorgesetzten oder mit einem Berater vereinbaren, um sich dort Hilfestellung bei der Umsetzung der Maßnahmenpläne einzuholen.

- **Der unternehmerische Maßnahmenplan für die Führungskraft**

Noch wichtiger und bedeutsamer als der persönliche Maßnahmenplan, den Michael Schmidt auf der Grundlage der ASSESS-Entwicklungsvorschläge entwirft, sind die Weiterbildungsmaßnahmen, die das Unternehmen initiiert, um der Führungskraft diejenigen Kompetenzen angedeihen zu lassen, die sie benötigt, um einen substanziellen Beitrag zum Erreichen der Unternehmensziele zu leisten. Denn letztendlich steht das existenzielle Interesse des Unternehmens im Vordergrund, kompetente Führungskräfte und Mitarbeiter in seinen Reihen zu wissen, die die unternehmerische Vision engagiert mittragen, mit innerer Überzeugung realisieren wollen und ihren Arbeitsplatz als idealen Ort definieren, an dem sie ihre Fähigkeiten entfalten können.

Natürlich sollte das Unternehmen die klassischen Weiterbildungsformate nutzen, die in Tabelle 12 aufgelistet sind.

Fördermaßnahme	Beschreibung
Unternehmensinternes Training	Unternehmensinterne Trainings sind vor allem dann sinnvoll, wenn mehrere Mitarbeiter oder ein Team trainiert werden sollen. Die Führungskraft kann Inhalte, Zeitpunkt und den Veranstaltungsort beeinflussen. So ist eine punktgenaue Weiterbildung möglich, die strikt auf die Erfordernisse des Unternehmens abgestimmt ist. Die Mitarbeiter müssen sich nicht vom Unternehmensstandort entfernen – die Reisekosten werden reduziert.
Coaching durch externen Coach	Der Coach begleitet den Mitarbeiter am Arbeitsplatz – intensiv und individuell. Er gibt „Hilfe zur Selbsthilfe", sodass der Mitarbeiter nach dem Coaching in der Lage ist, seine Aufgaben eigenständig zu erfüllen. Der Fokus liegt auf der Bearbeitung persönlicher berufsbezogener Probleme.
Coaching durch internen Coach: Begleitung „on the job" durch einen Paten oder Mentor	Der interne Coach begleitet den Mitarbeiter unter dem Aspekt „Die Führungskraft als Coach ihrer Mitarbeiter".
Supervision durch externen Supervisor	In der Supervision können Aufgaben, Themen und Probleme aus der Distanz und vom unmittelbaren Handlungsdruck befreit angeschaut werden.
Offenes Seminar	Im Mittelpunkt steht die Vermittlung fachlicher und methodischer Kompetenzen durch einen Expertentrainer. In einem fest umrissenen Zeitraum eignet sich der Mitarbeiter ein bestimmtes Wissen an. Offene Trainings haben den Vorteil, dass Mitarbeiter auch einmal über „den Tellerrand des eigenen Unternehmens" hinaussehen können und erfahren, was in anderen Branchen passiert. Nachteil: Die Weiterbildung ist nicht punktgenau auf die Bedürfnisse des Unternehmens zugeschnitten.
Workshop durch einen (firmeninternen oder externen) Moderator	In einem moderierten Workshop trifft sich eine Gruppe außerhalb des Arbeitsalltages. Kompetenzen werden vor allem in der Gruppenarbeit erworben.
Methodenmix: Blendend Learning	Klassische Weiterbildungsformate werden mit E-Learning kombiniert.
Selbststudium	Zum Beispiel Buchlektüre, Audiokassetten, E-Learning.

Tabelle 12: Die wichtigsten Fördermaßnahmen im Überblick

• Eigene Schulungen konzipieren – das Beispiel „Zielorientierte Führung"
Noch zielführender ist es, wenn das Unternehmen eine Schulung konzipiert, die jene – bleiben wir bei dem Beispiel – im Kompetenzmodell „Leading others“ genannten Kompetenzen in den Mittelpunkt rückt. Eine Alternative ist, sich eine oder mehrere der dort gelisteten Kompetenzen herauszugreifen und eine speziell darauf ausgerichtete Weiterbildungsmaßnahme zu konzipieren – oder konzipieren zu lassen.

So liegt zum Beispiel zur „Zielorientierten Führung“, die ja ein Bestandteil des Kompetenzmodells „Leading others“ ist, ein von der Scheelen® AG konzipiertes Weiterbildungsprogramm vor, das mithilfe verschiedener Module Qualifikationen in den Bereichen „Vision und Ziele“, „Führungskompetenz“, „Motivationskraft“, „Kommunikationsstärke“ sowie „Mitarbeiterentwicklung und Delegation“ aufbaut.

Die „Zielorientierte Führung“ ist dabei – dies zeigt Abbildung 10 – mit den folgenden Persönlichkeitsfaktoren verknüpft:

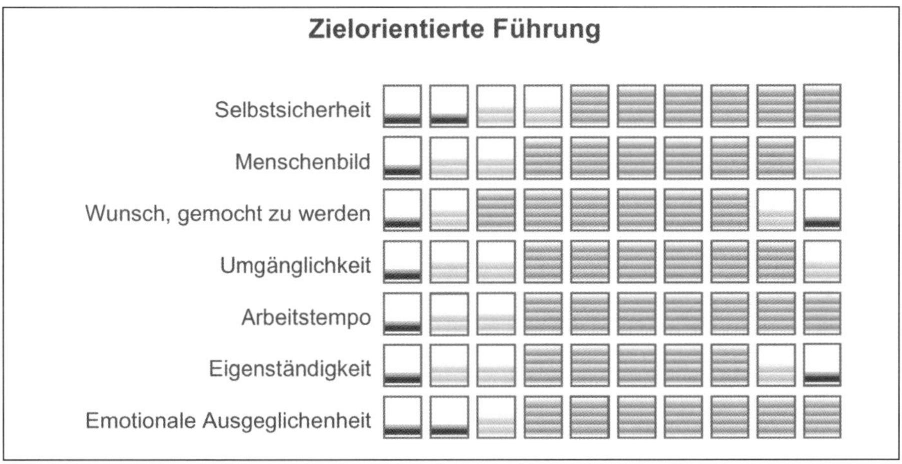

Abb. 10: „Zielorientierte Führung" mit Persönlichkeitsfaktoren von „Selbstsicherheit" bis „Emotionale Ausgeglichenheit"

In dem Modul „Vision und Ziele“, das in dem genannten Weiterbildungsprogramm „Zielorientierte Führung“ ausführlich beschrieben wird, thematisieren die Verfasser des Programms die Fragen,

- welche Bedeutung eine Vision für eine erfolgreiche Führung hat,
- wie sich die Führungskraft ihre Vision erarbeitet und
- wie es mithilfe einer Strategie und entsprechenden Zielen und Zielformulierungen gelingt, die Vision zu realisieren.

Im zweiten Modul „Führung“ geht es primär um die sozial-emotionalen und ethischen Kompetenzen und letztendlich um die Charakterbildung einer Führungskraft sowie die Führungsstile, die sie situationsadäquat und mitarbeiterindividuell einsetzen sollte.

Nicht nur bei den genannten Modulen, auch bei der Verbesserung der Kommunikationskompetenz in Modul 3, der Entfaltung der motivatorischen Energien (Modul 4) und den Anleitungen im fünften Modul zu dem Thema, wie die Führungskraft Aufgaben gekonnt delegiert, stehen Übungen im Mittelpunkt der Lehreinheit „Zielorientierte Führung“.

Zwischenfazit: Mit Weiterbildungen und Schulungen Kompetenzlücken schließen

- Die auf die Kompetenzlücken einer Führungskraft oder eines Mitarbeiters bezogenen Weiterbildungsmaßnahmen und Entwicklungspläne schließen die Lücke zwischen den erforderlichen Kompetenzen und den tatsächlich vorhandenen Kompetenzen.
- Die Folge: Weiterbildung wird nicht „nach Gutdünken" betrieben, sondern punktgenau in den absolut relevanten Aspekten und Bereichen.

Mit Interviewfragen und 360°-Feedback-Analyse Kompetenzen feststellen

Manche Kompetenzen werden durch die von ASSESS festgestellten Persönlichkeitsfaktoren nicht oder kaum beeinflusst und lassen sich daher nicht messen. Das gilt zum Beispiel für die Kompetenz „Zivilcourage“.

Bei diesen Kompetenzen ist es auf jeden Fall notwendig, dass eine evaluierende Person, beispielsweise ein ASSESS-Berater oder eine geschulte Führungskraft, ein Interview mit der Führungskraft oder dem Mitarbeiter durchführt, um die Ausprägung der spezifischen Kompetenz einschätzen zu können.

Grundsätzlich gilt, dass eine Kompetenzanalyse immer auch durch ein strukturiertes Interview vorgenommen werden kann – ASSESS stellt dazu für jede Kompetenz spezifische Interviewfragen zur Verfügung, die sich wiederum individuell an die Unternehmenserfordernisse anpassen lassen.

• Strukturierte Interviewfragen nutzen und adaptieren

Kommen wir auf das Beispiel „Visionskraft“ zurück: Um deren Ausprägung einschätzen zu können, kann der Personaler folgendes Fragenset nutzen:

- „Schildern Sie mir eine Situation, in der Sie daran beteiligt waren, für Ihre Gruppe (oder Abteilung, Unternehmen) langfristige Ziele und Richtungsvorgaben festzulegen.
- Wie sind Sie an die Aufgabe herangegangen? Welche Aspekte haben Sie berücksichtigt?“

Er kann die Fragen aber auch individualisieren:

- „Beschreiben Sie eine Situation, in der Sie der Ansicht waren, dass es wichtig für die Gruppe (Abteilung oder Unternehmen) ist, die Richtung oder Denkweise zu ändern, und Sie sich persönlich für diese Änderung eingesetzt haben.
- Was haben Sie gemacht?
- Waren Sie erfolgreich?
- Warum – respektive warum nicht?“

• Die 360°-Feedback-Analyse

Um die Kompetenzanalyse zu objektivieren, lässt sich mit ASSESS eine 360°-Feedback-Analyse erstellen, die der Nutzer wiederum auf das unternehmensspezifische Kompetenzprofil beziehen kann – also in unserem Fall auf das bereits beispielhaft erwähnte Kompetenzprofil „Leading others“. Die Kompetenzen werden hier in den Ausprägungsgraden 1 (= starke Ablehnung) bis 5 (= starke Zustimmung) bewertet.

In die 360°-Feedback-Analyse fließen die Selbstbewertungen der Führungskraft ebenso ein wie die Bewertungen des Vorgesetzten, der Kollegen und der Mitarbeiter. Durch die signifikante Anzahl von Bewertungen entsteht beim 360°-Feedback ein ausgewogenes und umfassendes Bild, das an Aussagekraft nicht zuletzt deshalb gewinnt, weil es von Menschen stammt, die tagtäglich mit dem zu evaluierenden Teammitglied oder der Führungskraft zu tun haben. Weil auch Mitarbeiter und Kollegen Feedback geben, bietet die Analyse differenzierte und vielschichtige Einblicke in das Verhalten am Arbeitsplatz, die ein Vorgesetzter allein in dieser Ausführlichkeit nie gewinnen könnte.

Die Ergebnisse werden in einer Grafik (siehe Abbildung 11) zusammengefasst, die schlaglichtartig verdeutlicht,

- welche Kompetenzen nach Meinung aller Befragten am meisten unterentwickelt und damit ausbaufähig sind:
  In der folgenden Beispielgrafik sind dies die Kompetenzen „Veränderungsinitiative", „Motivationskraft" und „Beziehungsmanagement";
- über welche Stärken die Führungskraft verfügt:
  Dies sind in dem Beispiel das „Unternehmerische Denken und Handeln", die „Integrität" und das „Kontinuierliche Lernen";
- ob und welche gravierenden Unterschiede zwischen den bewertenden „Instanzen" existieren.

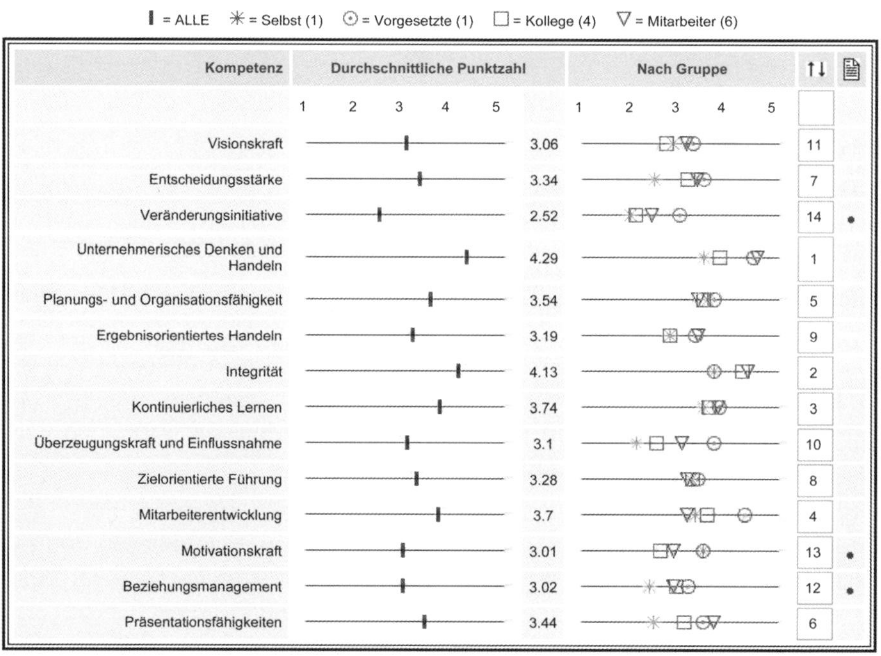

Abb. 11: Beispiel für eine 360°-Feedback-Analyse

Selbstverständlich bewerten die Feedbackgeber bei einer Kompetenz wie etwa der Visionskraft nicht einfach die plane Kompetenz allein – damit wären Fehlinterpretationen und Missverständnissen Tür und Tor geöffnet. Vielmehr werden beim 360°-Feedback die ausführlichen Definitionen und Beschreibungen herangezogen, die zu allen 38 Kompetenzen vorliegen: Zu diesen nehmen die Feedbackgeber ihre Beurteilungen vor. So lassen sich weitere sehr kleinräumige und damit aussagekräftige Unterschiede bezüglich der Bewertung der Verhaltensstärken sowie der Verhaltensschwächen zwischen den einzelnen Bewertungen feststellen und interpretieren.

Die folgenden Grafiken – in Abbildung 12 – zeigen die Analyseergebnisse zur Visionskraft im Einzelnen:

Relativer Rang der Kompetenz

14	13	12	**11**	10	9	8	7	6	5	4	3	2	1

Niedrig....... ....Hoch

Visionskraft

Bedeutet, langfristige Ziele zu erkennen und die Einführung unterschiedlicher oder alternativer Ideen zu gestalten.

Menschen mit Visionskraft entwickeln kreative und strategische Zielsetzungen, die zukunftsweisend sind und proaktiv dazu beitragen, das Unternehmen wettbewerbsfähig zu halten. Sie haben innovative Denkweisen und unterstützen ähnliches Denken anderer. Sie fordern und spornen das Unternehmen zu ständiger Verbesserung und Wachstum an.

Starke Ablehnung = 1 ... Starke Zustimmung = 5

Kompetenz Punktzahl		
Gruppe	**1 2 3 4 5**	**Ergebnis**
Alle		3.06
Selbst		2.86
Vorgesetzte		3.29
Kollege		2.74
Mitarbeiter		3.15

Verhaltens-Stärken und Schwächen Vergleichsschlüssel: + = Mittlere Beurteilung liegt über 3,75 - = Mittlere Beurteilung liegt unter 2,25	Selbst	Vorgesetzte	Kollege	Mitarbeiter	ALLE
1. Denkt innovativ und kreativ	+			+	
2. Betrachtet taktische Probleme oder Initiativen umfassend und sucht nach Lösungen, die strategische Ziele unterstützen	+	+		+	+
3. Erarbeitet neue Ideen/Lösungen, die erfolgreich umgesetzt werden können		+	+		+
4. Verlangt dem Unternehmen ständig ab, sich weiterzuentwickeln und zu wachsen	-	-	-	-	-
5. Erarbeitet die langfristigen zukünftigen Ziele für das Unternehmen und/oder die Abteilung	+	+			
6. Setzt sich bis zur erfolgreichen Umsetzung für seine/ihre Ideen ein	-	-	-	-	-
7. Unterstützt und befürwortet die strategischen Initiativen anderer	-				

Abb. 12: Beispielhafte Analyseergebnisse zur Visionskraft

Die 360°-Feedback-Analyse bleibt bei der Bewertung durch „Noten“ nicht stehen. ASSESS bietet zudem die Option, persönliche Bemerkungen der Befragten zu integrieren. Das ist etwa bei den Kompetenzen von besonderem Aussagewert, bei denen die Bewertungen sehr uneinheitlich sind. Die größten Bewertungsunterschiede bei unserem Beispiel liegen in der „Veränderungsinitiative“ – dabei gibt es die folgenden Aussagen:

- Mitarbeiter 1: „Bringt tolle Ideen, wie Dinge besser gemacht werden können. Ist fähig, sehr genau zu erklären, welche Änderungen dies sind, und macht klar, wie wichtig es ist, bis zum Ende dran zu bleiben.“
- Mitarbeiter 2: „Hat Schwierigkeiten damit, Dinge anders zu machen, als es bisher getan wurde. Wenn man ihm genug Zeit lässt, sieht er jedoch die Notwendigkeit der Veränderung ein.“
- Kollege: „Ist sehr leicht frustriert, wenn sich Dinge ändern. Könnte daran arbeiten, effektiv darin zu sein, andere zu überzeugen und Veränderungsinitiativen voranzutreiben.“
- Vorgesetzter: „Ist manchmal etwas langsam beim Umsetzen von neuen Änderungen, die Teil unserer Unternehmensstrategie sind. Ist generell offen für Änderungen, sobald diese verstanden wurden. Ich spüre einen Anfangswiderstand, der sich auf das Team übertragen könnte.“

ASSESS generiert aus den Analyseergebnissen wiederum einen Report, sodass die Führungskraft zu jeder der drei ausbau- und entwicklungsfähigsten Kompetenzen von „Leading others“ konkrete Entwicklungsvorschläge und einen Maßnahmenplan erhält, also detaillierte Hinweise, wie sie ihre Veränderungsinitiative verbessern, ihre Motivationskraft erhöhen und ihr Beziehungsmanagement entwickeln kann.

Beziehen Sie die Kapitelinhalte auf Ihre Situation

Bitte fragen Sie sich:

- Können Sie sich vorstellen, Kompetenzdiagnostiktools in Ihrem Verantwortungsbereich einzusetzen, um Ihre Vision und Ihre Strategie zu verwirklichen?
- Welche konkreten Schritte müssen Sie dazu einleiten?
- Für welche Position oder für welchen Bereich können Sie sich vorstellen, ein Kompetenzmodell entwickeln zu lassen, um zu prüfen, ob der kompetenzorientierte Ansatz für Ihre Unternehmens- und Personalentwicklung geeignet ist?
- Beziehen Sie das Gesagte auf Ihre Position: Welche Kompetenzen benötigen Sie, um Ihren Aufgaben optimal nachkommen zu können? Gibt es Kompetenzlücken? Wie gehen Sie damit um – und wie können Sie sie in Zukunft schließen?

Kapitelfazit: Das Wichtigste im Überblick

- Evidenzbasierte Weiterbildung bedeutet, mithilfe von validierten Kompetenzdiagnostiktools Weiterbildungsmaßnahmen so zu planen, dass durch sie Kompetenzen aufgebaut werden, die notwendig sind, um Unternehmensziele zu erreichen.
- Einige wenige Kompetenzdiagnostiktools haben sich dafür auf dem deutschsprachigen Markt durchgesetzt. Beispielhaft dafür steht hier ASSESS als ein renommiertes und etabliertes Kompetenzdiagnostiktool, das auf der Grundlage eines Fragebogens die angeborenen arbeitsbezogenen Persönlichkeitseigenschaften einer Führungskraft oder eines Mitarbeiters analysiert (*ASSESS Performance Analyse®*).
- Im Mittelpunkt der evidenzbasierten Weiterbildung stehen Kompetenzmodelle, die abbilden, welche Kompetenzen die Führungskräfte und Mitarbeiter idealerweise haben oder aufbauen sollten, um die Unternehmensvision zu verwirklichen, die Unternehmensstrategie umzusetzen und die Unternehmensziele zu erreichen.
- Im *SSM-Workshop* entwerfen die Workshopteilnehmer unternehmensspezifische Kompetenzmodelle, wobei diese Kompetenzen in einen Bezug zu den Persönlichkeitseigenschaften gesetzt werden, die dazu beitragen, eine Kompetenz zu aktualisieren, also wirklich auszuüben.
- Bei der *ASSESS Kompetenz Analyse®* werden die tatsächlich vorhandenen Kompetenzen (= Kompetenz-Ist-Zustand) in ein Verhältnis zu dem Kompetenzmodell (= Kompetenz-Soll-Zustand) gebracht.
- So ist es möglich, Soll-Ist-Kompetenzlücken (= „Gaps“) nachzuweisen und punktgenau entsprechende Weiterbildungsmaßnahmen zu ergreifen, um diese effektiv und effizient umsetzungsorientiert zu schließen.

Kapitel 4: Das Kompetenzdiagnostiktool ASSESS: Geschichte und Hintergründe

Was Sie in diesem Kapitel erfahren

Evidenzbasierte Weiterbildung ist möglich, wenn verlässliche Kompetenzdiagnostiktools eingesetzt werden. Sie erfahren, warum gerade ASSESS geeignet ist, die kompetenzorientierte Weiterbildung Ihres Unternehmens zu gewährleisten.
Zudem lesen Sie, inwiefern sich Qualität und Güte dieses Instruments auch unter Beachtung wissenschaftlicher Kriterien nachweisen lassen.

Antworten auf die Frage nach der Qualität

Natürlich lässt sich die Frage, warum gerade ASSESS geeignet ist, kompetenzorientierte Unternehmens- und Personalentwicklung derart durchzuführen, dass Menschen in die Lage versetzt werden, die Unternehmensziele zu verwirklichen, und sich dabei ihren Talenten und Begabungen gemäß entfalten zu können, in diesem Buch nicht objektiv beantworten. Denn die Namen der Autoren und die ihrer Unternehmen sind eng mit ASSESS verknüpft, und mittlerweile gibt es viele Menschen und Unternehmen, die das Kompetenzdiagnostiktool ASSESS mit dem Scheelen Institut verbinden. Außerdem ist es schlicht nicht möglich, alle mit diesem Anspruch antretenden Tools umfassend und erschöpfend darzustellen – das würde den Umfang dieses Sachbuches sprengen. Doch wollen wir – auch vorausgesetzt, dass andere renommierte Kompetenzdiagnostiktools ihre eigenen Vor- und Nachteile haben – an dieser Stelle eine möglichst ehrliche und nachvollziehbare Antwort auf jene Frage nach der besonderen Eignung von ASSESS für die kompetenzorientierte Unternehmens- und Personalentwicklung geben.

In erster Linie werden und sollten Sie als Leserinnen und Leser, die ASSESS nicht kennen, selbstverständlich kritisch hinterfragen, ob das Tool tatsächlich jene Leistungsgüte erreicht, die hier behauptet wird. Auf diese skeptische Neugier stoßen wir auch bei Unternehmensneukunden, denen ASSESS nicht oder nur beiläufig bekannt ist, die aber selbstverständlich schon aus Kosten- und Effektivitätsgründen ganz genau wissen wollen, was ASSESS *nachweisbar zu leisten imstande ist,* bevor sie ihre Unternehmens- und Personalentwicklung darauf abstellen. Denn endliches Ziel des Einsatzes von Kompetenzmodellen ist ja die Unternehmenswertsteigerung – und da muss ein solches Diagnostik- und Analysetool schon beweisen, was es dazu beitragen kann, und zwar wie und in welchem Zeitraum!

Das ist eine natürliche und richtige Forderung aus der Praxis, die an alle solche Instrumente gestellt wird. Daher greifen wir im Folgenden die Fragen aus der Praxis auf, die uns und den ASSESS-Beratern auch während des Akquisitionsprozesses und der Geschäftsbeziehung mit Neukunden gestellt werden. Allein die Tatsache, dass mittlerweile so viele Firmen mit ASSESS arbeiten, mag als Indiz für die Leistungsgüte des Kompetenzdiagnostiktools gewertet werden. Denn die Unternehmen – ob kleinerer Mittelstand oder großer Weltkonzern –, die das Tool einsetzen, haben es vorher stets einer eingehenden Analyse unterzogen, von der wir hier in Frage und Antwort berichten wollen.

Frage 1: Wie ist ASSESS eigentlich entstanden?

Das ASSESS-Expertensystem[5] wurde von Bigby, Havis & Associates (BHA), insbesondere dem Team um Dr. David G. Bigby – einem der Autoren dieses Buches – entwickelt. BHA ist ein US-amerikanisches Unternehmen (Texas), das weltweit seit mehr als 30 Jahren Unternehmen mit Produkten und Dienstleistungen im Bereich der Personalauswahl und Personalentwicklung unterstützt.

Mittlerweile heißt das Unternehmen ASSESS® Systems. Die Firma arbeitet mit angesehenen internationalen Partnerunternehmen zusammen, die dabei mitwirken, die Diagnostikinstrumente weltweit auf den Markt zu bringen und zu etablieren. Seit 2003 besteht eine Partnerschaft mit der Scheelen® AG[6], die exklusiver (Master-)Lizenznehmer von BHA bzw. ASSESS® Systems für den gesamten deutschsprachigen Raum ist.

Einen großen Teil seiner Forschung konnte Bigby, Havis & Associates mit der Unterstützung deutscher Unternehmen und einem umfangreichen Team von Psychologen durchführen. Die Zielsetzung war, das ASSESS-Ex-

---

[5] Vgl. www.assess-online.de

[6] Vgl. www.scheelen-institut.de

pertensystem für die entsprechenden nationalen Märkte zu validieren und zu normieren.

Die Psychologen des US-amerikanischen Unternehmens verfeinern und entwickeln die Systematik des ASSESS Systems ständig weiter, sodass durch seine Anwendung valide Aussagen getroffen werden können, die

1. auf professionellen Urteilen und umfassender Forschung basieren,
2. dem individuellen Menschen gegenüber fair sind, und zwar unabhängig von Geschlecht, Nationalität und Alter, sowie
3. für den Job relevant sind.

Üblicherweise wird Kandidaten in Auswahlverfahren eine Reihe an Standard-Fähigkeitstests und Persönlichkeitsinventaren vorgelegt. Dabei handelt es sich um berufsorientierte Instrumente, die für die Erfassung von Eigenschaften zur effektiven Entscheidungsfindung und Jobleistung in Fach- und Führungspositionen entwickelt wurden. Die Tests werden ausgewertet und evaluiert, die Ergebnisse von einem Psychologen in einem Gutachten sorgfältig interpretiert.

ASSESS wurde entwickelt, um die Psychologenbeurteilungen bei der Interpretation einer Testreihe und beim Verfassen von Gutachten nachzubilden. Diese Einschätzungen wurden anhand der Erfahrung von BHA/ASSESS® Systems durch die Beurteilung von bisher mehr als 45.000 Kandidaten für Fach- und Führungspositionen, durch die Zusammenarbeit mit Fach- und Führungskräften im Rahmen ihrer Weiterentwicklung und durch die Erfahrungen in der Beratung von Scheelen Kundenunternehmen entwickelt.

Frage 2: Ist ASSESS also ein „selbstlernendes System"?

Nein. Es ist ein wissensbasiertes System, das aus mehreren Computerprogrammen, einer normativen Datenbank und einer Reihe logischer Regeln besteht, die eine aussagekräftige und valide Interpretation der Ergebnisse ermöglichen.

Anhand dieser Regeln werden Aussagen getroffen, die sich aufgrund der computergestützten Auswertung innerhalb kürzester Zeit in 25- bis 45-seitigen Reports niederschlagen und Expertenurteilen entsprechen.

Diese computergenerierten Aussagen beinhalten beschreibende Sätze, die in direktem Bezug zu den Testwerten der ASSESS Persönlichkeits- und Fähigkeitstests stehen. Eine bestimmte Konstellation von Testwerten bezüglich einer Reihe von Persönlichkeitsskalen führt zu spezifischen Aussagen, die Personen beschreiben, die diese spezifischen Antworten auf die Items gegeben haben.

Dabei werden Persönlichkeitsitems zu Skalen gruppiert – etwa „Detailorientierung“ – und ausgewertet, sodass eine Ausprägung der Persönlichkeitseigenschaften abgebildet wird; im Beispiel wäre das „niedere versus hohe Detailorientierung“. Die Antworten der Fähigkeitstests werden ausgewertet und die Testwerte wiederum dienen als Input für die Interpretation durch ASSESS. ASSESS bewertet die Fähigkeitstestwerte und Persönlichkeitsskalenwerte, indem es diese mit einer Gruppe von berufsspezifischen Normen vergleicht und so Beurteilungen vornehmen und Reports erstellen kann.

Frage 3: Es gibt verschiedene ASSESS Reports: Wie unterscheiden sich diese Reports voneinander und welche Leistung liefern sie?

Es gibt die *ASSESS Performance Analyse®* und die *ASSESS Kompetenz Analyse®*. Beide Analysen können jeweils als Auswahlreport und als Entwicklungsreport generiert werden:

- *Der ASSESS Performance Analyse® Auswahlreport* bietet eine detaillierte Beurteilung der arbeitsbezogenen Persönlichkeitseigenschaften eines Kandidaten und dient der Feststellung des vorhandenen Leistungspotenzials und der Übereinstimmung mit einer berufsgruppenspezifischen Norm. Der Report umfasst ein detailliertes Feedback für den Kandidaten und Ergebnisteile wie etwa ein reportspezifisches strukturiertes Interview, Interviewproben und Managementvorschläge.
- Die zweite Variante, der *ASSESS Performance Analyse® Entwicklungsreport*, ist ein spezifischer Report für die Personalentwicklung und Persönlichkeitsentwicklung, der zusätzlich noch die Stärken und Schwächen eines Kandidaten in Bezug auf die spezifischen im Job erwünschten Präferenzen beurteilt.

Auch bei der Kompetenzanalyse gibt es zwei kundenspezifische Varianten. Zur Erinnerung: Voraussetzung für die Kompetenzanalyse ist ein vorhandenes Kompetenzmodell mit einem unternehmensspezifischen, für eine bestimmte Position oder einen Arbeitsplatz erstellten Kompetenzprofil:

- Der *ASSESS Kompetenz Auswahlreport* ist an den Personalverantwortlichen gerichtet und beinhaltet ein umfassendes, konstruktives und klar formuliertes Feedback zu den Ergebnissen und zusätzlich Interviewfragen, bezogen auf die – vom Unternehmen – gewünschten Kompetenzen.
- Der *ASSESS Kompetenz Entwicklungsreport* ist aufgebaut wie ein Übungsbuch zur Karriereentwicklung und enthält spezifische Informationen und Maßnahmenvorschläge zur Weiterentwicklung für den Kandidaten, die die individuelle Teilnahme an entsprechenden Aktivitäten und Maßnahmen vorgeben.

Für *jede Art von Report* wird dieselbe Information (das jeweilige Antwortmuster) interpretiert; diese wird jedoch für die spezifischen Anforderungen unterschiedlich aufbereitet (etwa Auswahl/Entwicklung; allgemeine Beurteilung/kompetenzspezifische Beurteilung).

Hinzu kommt schließlich der 360°-Feedback-Report. Der Inhalt wird durch das jeweilige Kompetenzmodell und die Definitionen des Kunden bestimmt, ist also stets kundenspezifisch ausgerichtet.

Frage 4: Grundlage von ASSESS sind 24 Persönlichkeitsfaktoren, die mit 350 Fragen erfasst werden. Standen diese 24 Faktoren schon immer fest?

Nein – sowohl die Faktoren als auch der Fragebogen sind das Ergebnis einer Entwicklung, in die praktische Erwägungen und wissenschaftlicher Anspruch eingeflossen sind.

Der Persönlichkeitsfragebogen ist die Hauptkomponente von ASSESS. Mit ihm können die 24 Persönlichkeitsfaktoren erfasst werden. Er basiert auf zwei häufig eingesetzten, berufsbezogenen Persönlichkeitstestverfahren:

- dem Guilford-Zimmerman-Temperament-Survey (GZTS) und
- dem Dynamic-Factors-Opinion-Survey (DFOS).

Hinzu kommen weitere von BHA entwickelte Skalen. Das bedeutet: In seiner Methodik leitet sich ASSESS vom empirischen Ansatz der eigenschaftsbasierten Persönlichkeitsinstrumente ab. Die zur Konstruktion von ASSESS verwendeten Instrumente wurden also nicht aus einem theoretischen Modell abgeleitet.

Da der GZTS und DFOS die Grundlage des ASSESS-Expertensystems bilden, sind die Entwicklungsgrundlagen und Validität dieser Instrumente auch für die Anwendung von ASSESS wichtig.

Der GZTS ist eines der am häufigsten eingesetzten Inventare. Ein umfassendes Handbuch bespricht seine Anwendung, Reliabilität und Validität[7]. Die Autoren des Handbuchs ziehen zwei wichtige Schlussfolgerungen.

- Zum Ersten stimmen die Beziehungen zwischen den GZTS-Skalen und Skalen anderer Persönlichkeitsinventare zum großen Teil mit den erwarteten Zusammenhängen überein. Das heißt, dass Korrelationen für sehr ähnliche Skalen generell sehr hoch sind.
- Zweitens sind die Korrelationen zwischen GZTS-Skalenwerten und Selbst- und Fremdeinschätzungen entsprechender Merkmale sehr hoch. Diese Befunde stützen die Schlussfolgerung, dass die Testskalen das erfassen, was sie zu messen vorgeben.

Aus GZTS sind einige der heutigen ASSESS Persönlichkeitsfaktoren abgeleitet worden.

Auch der DFOS wurde von Guilford[8] entwickelt. Der Fokus liegt auf der Analyse menschlicher Bedürfnisse und Motivationen. Wie der GZTS verfügt auch der DFOS über ein *Manual* mit Instruktionen zur Durchführung, normativen Informationen und Interpretationshilfen[9]. Durch die Anwendung einer Faktorenanalyse leiteten Guilford und Martin zehn Persönlichkeitsfaktoren ab, von denen einige in ASSESS übernommen wurden – andere wurden wegen ihrer geringen beruflichen Relevanz aussortiert.

Festzuhalten bleibt: Der 350 Fragen umfassende Fragebogen und die Festlegung jener 24 Persönlichkeitseigenschaften entstanden auf der Grundlage

[7] Vgl. Guilford, Zimmerman, Guilford (1976)
[8] Vgl. Guilford, Martin (1944)
[9] Vgl. Guilford, Christensen, Bond (1956)

von GZTS und DFOS, wobei die Beschreibungen der Persönlichkeitseigenschaften immer wieder verändert, sprachlich modifiziert und dem modernen Sprachgebrauch angepasst wurden. Auch der Fragebogen hat mehrere Transformationen durchgemacht, ist also ständig optimiert worden.

Frage 5: ASSESS wurde also in den USA und für US-Firmen entwickelt. Lassen sich die Ergebnisse denn überhaupt auf Firmen im deutschsprachigen Raum übertragen?

Den Fragebogen zeichnet aus, dass auf die Feinheiten von Sprache und auf kulturelle Unterschiede geachtet wurde. ASSESS beruht auf einem komplexen Zusammenspiel von Wortbedeutungen, Ausdrucksstärken und Formulierungen, die spezifische Antworten fordern, die wiederum Rückschlüsse auf die Persönlichkeit des Antwortenden zulassen. Darum wurde der Übersetzung und kulturellen Anpassung des Fragebogens in andere Sprachen, auch in die deutsche Sprache, eine besondere Aufmerksamkeit zuteil.

Der Übersetzungsprozess umfasste mehrere aufeinander aufbauende Schritte. Die Übersetzung und die konzeptuellen und kulturellen Anpassungen erfolgten in enger Zusammenarbeit zwischen BHA und einem Psychologenteam der Scheelen® AG.

Nach der konzeptuellen und kulturellen Überarbeitung wurde die Übersetzung des Fragebogens mithilfe einer Pilotstudie weiter verfeinert. Dabei füllte eine Gruppe von knapp 100 deutschen Fach- und Führungskräften den ASSESS Fragebogen in deutscher Sprache aus. Nach weiteren Verfeinerungen wurde er an einer zweiten Stichprobe validiert, deren Teilnehmer ebenfalls aus einer Gruppe von etwa 100 Fach- und Führungskräften aus verschiedenen deutschen Unternehmen stammten. Die Antwortmuster des Fragebogens wurden auf signifikante Unterschiede hinsichtlich der US-Normen untersucht und bei Bedarf angepasst.

Das heißt: Der „deutsche" Fragebogen wurde zwar aus dem US-amerikanischen abgeleitet, berücksichtigt jedoch in hohem Maße die kulturellen und sprachlichen Besonderheiten des deutschen Sprachraums.

Frage 6: Zur Qualität: Wie kann ermittelt werden, ob ein Tool hält, was es verspricht?

Um die Qualität eines Kompetenzdiagnostiktools wie ASSESS beurteilen zu können, müssen drei Kriterien erfüllt sein:

- Objektivität,
- Reliabilität (Zuverlässigkeit) und
- Validität (Gültigkeit).

Im Vergleich zu vielen anderen Kompetenzdiagnostiktools und Potenzialanalysen liegen zu ASSESS umfangreiche, verlässliche und nachprüfbare Informationen und Aussagen zu diesen Hauptgütekriterien für psychologische Testverfahren vor.

• Die Objektivität des Verfahrens

„Objektivität" ist das Ausmaß, in dem ein Testergebnis in Durchführung, Auswertung und Interpretation vom Testleiter nicht beeinflusst werden kann. Da bei ASSESS die Durchführung nur durch eigens dafür geschulte Berater erfolgt und die Auswertung und Interpretation internet- und computergestützt vonstattengeht, kann die Objektivität des Verfahrens als sehr hoch eingestuft werden.

Die Objektivität ist mithin gewährleistet durch:

- die einfache, klare schriftliche Bearbeitungsanleitung des Testverfahrens,
- die Computererfassung, die Computerauswertung und den automatisierten Ausdruck der Reports,
- die Tatsache, dass nur arbeitsplatzbezogene Dimensionen erfasst und die erhobenen Daten in einer für diese Erfordernisse konsistenten Weise interpretiert werden, und
- den Umstand, dass alle zertifizierten ASSESS-Berater eine dreitägige Akkreditierung mit anschließender standarisierter Prüfung absolvieren mussten.

Die Objektivität ist die Voraussetzung für die weiteren Gütekriterien.

• Die Zuverlässigkeit des Verfahrens

Die Reliabilität gibt die Zuverlässigkeit einer Messmethode an. Nehmen wir an, dass es einen objektiven „wahren Wert“ gibt, so beschreibt dieses Gütekriterium den Grad der Übereinstimmung zwischen diesem wahren Wert und dem gemessenen Wert. Sind die Werte identisch, hat die Reliabilität also den Wert 1, liegt der Idealfall vor. Die interne Konsistenzreliabilität[10] liegt bei ASSESS zwischen 0,72 bis 0,91 (n = 1570).

Reliabilität bezieht sich zudem auf die Stabilität eines Maßes über die Zeit. Für Erhebungen ist die Erfassung der Reliabilität anhand der Test-Retest-Reliabilität die am besten geeignete Methode. Eine Stichprobe von Teilnehmern füllt den Fragebogen zu zwei unterschiedlichen Zeitpunkten aus, zwischen denen ein ausreichendes Zeitintervall liegt – in der Regel eine Woche bis mehrere Monate. Danach werden die Abweichungen der Testwerte untersucht. Hat die Analyse eine hohe Zuverlässigkeit, sollten sich die Testwerte über die Zeit hinweg kaum verändern.

Unter diesen Bedingungen wurde im Herbst 2005 durch die Scheelen® AG in Zusammenarbeit mit einer süddeutschen Universität eine Studie zur Retest-Reliabilität durchgeführt. Die Teilnehmer aus diversen Studienrichtungen bearbeiteten den ASSESS Fragebogen im Abstand von sechs Wochen zweimal. Die Reliabilität der verschiedenen Skalen lag dabei zwischen 0,72 und 0,91 (n = 283).

Das heißt: Die ASSESS Analyse ist ein zuverlässiges Verfahren, das stabil und exakt misst.

• Die Gültigkeit des Verfahrens

Die Validität ist das wichtigste Testgütekriterium, denn es gibt den Grad der Genauigkeit an, mit dem ein Testverfahren das misst, was es messen soll, hier also die Persönlichkeitsmerkmale und die Verhaltensweisen von Menschen.

Die Validität gibt die Eignung eines Messverfahrens in Bezug auf seine Zielsetzung an. Eine Befragung oder Messung ist valide, wenn die erhobenen Werte geeignete Kennzahlen für die zu untersuchende Fragestellung sind.

[10] nach Cronbach Alpha

Es gibt unterschiedliche Arten von Validität:

- Konstruktvalidität liegt dann vor, wenn Messungen das erfassen, was sie erfassen sollen. Werden aus einem Konstrukt Hypothesen abgeleitet, dann bedeutet eine hohe Konstruktvalidität die gute empirische Bestätigung dieser Hypothesen. Die Konstruktvalidität bei ASSESS ist durch die theoretische Fundierung der einzelnen Skalen hinreichend belegt. Faktorenanalysen belegen, dass die Skalen des Verfahrens messen, was sie zu messen vorgeben.
- Die Kriteriums- oder Übereinstimmungsvalidität liegt vor, wenn das Testergebnis mit einem Außenkriterium übereinstimmt, etwa mit dem Berufserfolg oder der Arbeitszufriedenheit – dies ist bei ASSESS der Fall.
- Zur Vorhersagegültigkeit oder prädikativen Validität von ASSESS wurden mehrere Untersuchungen durchgeführt. Die bei einer Studie mit Marketingmanagern (n = 100) erhobene prädiktive Validität von ASSESS liegt bei 0,56.

Zusammenfassend darf gesagt werden: ASSESS ist ein **valides Analyseinstrument mit hoher Vorhersagegültigkeit.**

• Die Nebengütekriterien

Auch die Betrachtung der Nebengütekriterien, die in Tabelle 13 zusammengefasst sind, führt zu einem positiven Ergebnis. So nimmt die Bearbeitung des Fragebogens etwa 35 bis 45 Minuten in Anspruch, was gemessen am Informationsgewinn sehr ökonomisch ist. Die Handhabung ist einfach und unkompliziert.

Zudem wurde das Verfahren umfassend normiert. Es liegen standardisierte Normen für unterschiedliche Berufsgruppen und für sechs verschiedene hierarchische Positionen vor. Hinzu kommt: Bei der Entwicklung von ASSESS wurde besonderer Wert auf die Einhaltung der Richtlinien der Equal-Employment-Opportunity-Commission (EEOC) und des Americans-with-Disabilities-Act (ADA) gelegt. Auch der Schutz der Privatsphäre und die Beachtung anderer rechtlicher und ethischer Standards wurden berücksichtigt. So ist etwa sichergestellt, dass Menschen mit Behinderungen nicht benachteiligt werden und der Aspekt der Gleichberechtigung Beachtung findet. ASSESS Skalen, bei denen diesbezüglich Zweifel bestanden, zum Beispiel bei der Skala Maskulinität versus Femininität, wurden bereits bei der Konstruktion aussortiert.

Gütekriterien von ASSESS
Testgütekriterien
Objektivität Unterschieden nach Objektivität der: • Durchführung • Auswertung • Interpretation
Reliabilität Prüfungsmöglichkeiten durch: • Retests • Paralleltests • Halbierungstests • Konsistenztests ASSESS weist eine interne Konsistenzreliabilität von 0,72 bis 0,91 auf.
Validität Unterschieden nach: • Inhalt • Kriterium • Konstrukt ASSESS weist in allen bisherigen Studien eine hohe Validität auf.

Tabelle 13: Gütekriterien von ASSESS

Frage 7: Im Zusammenhang mit den Persönlichkeitsfaktoren ist immer die Rede von Kontrollfaktoren. Beziehen sie sich auch auf die Gütekriterien?

Nein, aber sie dienen trotzdem dazu, die Zuverlässigkeit des Verfahrens zu garantieren! Die Kontrollfaktoren 1 und 2, die im grafischen Profil der Performance Analyse den 24 Persönlichkeitsfaktoren angefügt sind, geben Auskunft über eventuelle Tendenzen bei der Selbsteinschätzung, die freilich immer nur subjektiv sein kann.

Der *Kontrollfaktor 1* bezieht sich hauptsächlich auf Energiebegriffe. Gemeint sind die Skalen, mit denen Faktoren wie die Selbstsicherheit, die Selbstkontrolle, das Arbeitstempo und die Eigenständigkeit gemessen werden. Eine hohe Ausprägung misst den Grad der Anstrengung, sich als „männliches" Stereotyp westlicher Kulturen zu präsentieren, sich also energisch, durchsetzungsfähig, beherrschend und „erfolgreich" von seiner „besten Seite" zu zeigen sowie – und das ist entscheidend – dabei die eigenen Schwächen zu übergehen. Eine hohe Ausprägung kann aber auch die tatsächlichen Potenziale eines Menschen widerspiegeln.

Eine niedrige Ausprägung weist darauf hin, dass sich dieser Mensch eher bescheiden präsentiert und bereit ist, Schwächen zuzugeben, oder auch, dass er wenig Vertrauen in die eigenen Fähigkeiten besitzt.

Das heißt also:

- Ist der Kontrollfaktor 1 hoch: Hinweis auf mögliche Selbstüberschätzung der eigenen Durchsetzungskraft.
- Ist er niedrig: Hinweis darauf, dass sich jemand zu selbstkritisch bewertet haben könnte.

Beim *Kontrollfaktor 2* wird die Anstrengung eines Menschen gemessen, sich als emotional stabil und optimistisch zu präsentieren. Die Messung bezieht sich auf Persönlichkeitseigenschaften, die emotional besetzte Skalen wie Umgänglichkeit, Einfühlungs- und Analysevermögen und den Wunsch, gemocht zu werden, abfragen. In Entwicklungszusammenhängen werden häufig niedrige Werte gemessen, aber auch in Phasen kritischer persönlicher Lebensumstände.

Also:

- Ist der Kontrollfaktor 2 hoch: Hinweis auf eine Überschätzung der eigenen emotionalen Stabilität.
- Ist er niedrig: Ein Mensch bewertet sich emotional eher instabil. Ausnahmen: gravierende berufliche und persönliche Zäsur- oder Neuorientierungsphasen.

Die Werte werden als sehr hoch bzw. als sehr niedrig eingestuft, wenn sie im obersten oder im untersten Dezil liegen. Liegen Werte sehr hoch oder sehr niedrig, wird der ASSESS-Berater dies bei der Besprechung der Auswertung berücksichtigen.

Frage 8: Oft haben Führungskräfte und Mitarbeiter eine Scheu davor, sich mittels eines Fragebogens „durchleuchten" zu lassen. Wie lässt es sich verhindern, dass es aus Scheu oder bewusster Manipulation zu Verfälschungen kommt?

Zum einen sollte der Fragebogen mit einer positiven inneren Einstellung zum Verfahren ausgefüllt werden. Dafür sind vor allem Aufklärungsarbeit und Überzeugungsarbeit in Hinsicht auf den Sinn und Zweck notwendig. Die Befragungsteilnehmer werden darüber informiert, welche Informationen gewonnen werden und dass die Informationen, also der Ergebnisreport, nur von dem Auftrag gebenden Unternehmen und vom ASSESS-Berater eingesehen werden können.

Es ist meist sinnvoll, in einem Vorbereitungsworkshop zu kommunizieren, warum die Personal- und Unternehmensentwicklung nun mithilfe von ASSESS definiert und gestaltet wird und dass das Verfahren dazu dient, jede Führungskraft und jeden Mitarbeiter individuell so weiterzuentwickeln, dass sie ihren Tätigkeiten effektiver nachgehen und sich am Arbeitsplatz ihren Begabungen gemäß einbringen und entfalten können. Gerade dieser Aspekt, so zeigt sich, hat auch einen enorm motivierenden Effekt.

Praxisbeispiel

Die folgenden idealtypischen Formulierungen, die den konkreten Erfordernissen angepasst werden müssen, haben sich bewährt:

„Dieser Fragebogen ist Bestandteil eines Verfahrens, das für die Analyse Ihrer Passung mit Ihrer Position entwickelt worden ist. Wir (das Unternehmen) möchten so sicher wie möglich sein, dass Sie in Ihrer Position erfolgreich sind und sein werden.

Es ist auch für Sie wichtig, dass Ihre Tätigkeit mit Ihren Qualifikationen und Interessen und Ihren Zielen übereinstimmt. Es geht uns darum, dass Sie sich an Ihrem Arbeitsplatz wohlfühlen, weil er auf Ihre Kompetenzen und Stärken abgestimmt ist. Die Anwendung eines solchen Analyseinstruments ist von Vorteil für das Unternehmen und für Sie.

Bedenken Sie, dass die so gewonnenen Informationen aber nur *einen* Bestandteil bei der Einschätzung Ihrer Person und jener Passung darstellen. Die letztendliche Entscheidung beruht auf einem vollständigen Bild Ihrer Erfahrungen, Ihres beruflichen Hintergrunds, Ihrer Fähigkeiten und Fertigkeiten. Und dieses Bild setzt sich aus mehreren Mosaiksteinchen zusammen. Der ASSESS Report ist eines davon.

Bedenken Sie bitte auch: Es gibt keine richtigen oder falschen Antworten. Ihre Antworten dienen der möglichst objektiven Einschätzung Ihrer Persönlichkeitsmerkmale und Ihrer Fähigkeiten – und dazu, wie sich diese auf Ihr Arbeitsverhalten auswirken können.

Es ist daher von großer Bedeutung, dass Sie so offen und zutreffend wie möglich antworten.

Wichtig ist: Verfälschungen, auch bewusste Manipulationen, entbehren der motivatorischen Grundlage. Außerdem ist das Testverfahren in sich ja so gestaltet, dass Manipulationen minimiert oder ausgeschlossen werden.

Vergleich mit anderen Kompetenzdiagnostiktools

Mit aller gebotenen Vorsicht darf wohl geschlossen werden, dass mit ASSESS ein Kompetenzdiagnostiktool vorliegt, das durch wissenschaftliche Untersuchungen und Studien sowie den umfangreichen praktischen Einsatz in Unternehmen zumindest einen Legitimationsvorsprung hat. Die Bandbreite der Einsatzmöglichkeiten der ASSESS-Instrumente ist sehr groß, und insbesondere durch das integrierte 360°-Feedback-Modul besitzt es eine Dimension, die andere Tools bis dato nicht aufweisen.

Auch ASSESS ist vorrangig ein Kompetenzmessungsinstrument, das auf einer Selbsteinschätzung beruht. Darum ist es wichtig, die Perspektive der subjektiven Bewertung durch weitere zusätzliche Methoden und Informationen zu relativieren – Informationen, wie sie zum Beispiel das 360°-Feedback liefern kann.

Hervorzuheben im Vergleich zu anderen Tools (wie etwa KODE® oder KODE®-Kompetenz-Explorer oder dem Kasseler-Kompetenz-Raster) ist, dass es nur bei ASSESS möglich ist, für jedes Kompetenzmodell eine 360°-Feedback-Analyse zu den Kompetenzen zu generieren.

Ein weiterer Vorteil besteht darin, dass die ASSESS Struktur es erlaubt, in einem moderierten *SSM-Workshop* und *Prozess* unternehmensindividuelle Kompetenzmodelle zu entwickeln. Während andere Modelle ein fest umrissenes und starres Kompetenzraster vorgeben, bietet ASSESS ein offenes und flexibel an die Gegebenheiten einer Firma anpassbares System.

Hervorzuheben – auch im Vergleich mit anderen Kompetenzdiagnostiktools – ist die Ausgefeiltheit des Fragebogens sowohl in quantitativer als auch qualitativer Hinsicht. Aus den Fragen ist für den Probanden nicht zu erkennen, auf welchen Kompetenzbereich sie abheben, wodurch ihre Aussagekraft geschmälert würde – und die Fragen validieren sich in ihrer Gesamtheit gegenseitig: Auch das sind hervorragende, vielleicht einzigartige Qualitätsvorteile.

Überblick über die Kompetenzmessverfahren

Einen ausgezeichneten Überblick über die verschiedenen Möglichkeiten, Kompetenzen zu erkennen, zu verstehen und zu evaluieren, gibt das „Handbuch Kompetenzmessung“ von John Erpenbeck und Lutz von Rosenstiel. Dort werden 50 Kompetenzmessungsverfahren dargestellt. Die Herausgeber stellen durch den systematischen Aufbau der einzelnen Beiträge eine Vergleichbarkeit sicher.

Zu Beginn einer Einzeldarstellung findet der Leser eine tabellarische Übersicht zu den Basisaspekten eines Kompetenzmessungsverfahrens, die eine methodische Einordnung erlaubt. Dann folgt eine Beschreibung der wichtigsten inhaltlichen Aspekte, die stets nach einem durchgängigen Strukturschema aufgebaut ist. Anschließend erfolgt die freie Darstellung des Messverfahrens durch die jeweiligen Autoren.

Diese Systematik der Darstellungen ermöglicht dem Leser, zum Beispiel sehr schnell eine Einschätzung der Gütekriterien eines Messverfahrens im Vergleich zu anderen Verfahren vorzunehmen und die Objektivität, die Reliabilität und die Validität zu beurteilen. Überdies erhält er einen Überblick über die konkreten Einsatzmöglichkeiten eines Messverfahrens. Das Buch erlaubt somit eine solide Einschätzung der Vor- und Nachteile der einzelnen Verfahren.

Kritik der Modelle

Bei allen Kompetenzdiagnostiktools – und damit auch bei ASSESS – ist zu beachten, dass Modelle die Gefahr der unzulässigen Verallgemeinerung bergen. Mit Recht argumentieren Skeptiker, es sei unmöglich, mit einem Modell, das nur einige Verhaltensstile umfasst, die Vielfalt aller möglichen Verhaltensweisen zu beschreiben.

Wer ein Modell oder eine Typologie nutzt, darf sich nie auf dieses Raster allein verlassen. Solange man sich der Tatsache bewusst bleibt, dass ein Modell nicht die Landschaft „Mensch“ selbst abbildet, sondern lediglich eine Landkarte, ein abstrahierendes Bild der Wirklichkeit darstellt, kann es eine sinnvolle Ergänzung zu persönlichen Gesprächen und individuellen Eindrücken und ein unterstützendes Hilfsinstrument bei der Einschätzung der Persönlichkeitsmerkmale und Kompetenzen eines Menschen sein.

Beziehen Sie die Kapitelinhalte auf Ihre Situation

Bitte fragen Sie sich:

- Welche Aspekte sind für Sie bei der Auswahl eines Kompetenzdiagnostiktools besonders wichtig?
  Solche Aspekte könnten beispielsweise sein: Objektivität in Durchführung, Auswertung und Interpretation, Reliabilität, Validität, Effizienz des Verfahrens, wissenschaftliche Grundlage, Bekanntheit und Renommee des Instruments, nachweislich hohe Anzahl erfolgreicher Praxiseinsätze und Case Studies, die das Tool vorweisen kann, Kompetenz der Berater, die das Tool mit Ihnen im Unternehmen anpassen und Sie bei der Einführung unterstützen, nachweisbare Best Practice Stories auch aus Ihrer Branche oder entsprechend der Größe Ihrer Firma.
- Können Sie sich vorstellen, ein Tool wie ASSESS im Rahmen Ihrer Unternehmens- und Personalentwicklung einzusetzen? Was spricht dafür, was dagegen?

Kapitelfazit: Das Wichtigste im Überblick

- Selbstverständlich gibt es neben ASSESS weitere Kompetenzdiagnostiktools. ASSESS hat sich als renommiertes Instrument im Praxiseinsatz weltweit und auch auf dem deutschsprachigen Markt vielfach bewährt und hält auch den wissenschaftlichen Qualitäts- und Gütekriterien stand.
- So erfüllt ASSESS nachweislich alle drei Objektivitätskriterien und weist eine hohe Reliabilität und Validität auf.
- Insbesondere die Geschichte der Festlegung jener 24 Persönlichkeitsfaktoren und der Konstruktion des Fragebogens, mit dem diese Faktoren erfasst werden, belegen die Nützlichkeit und die wissenschaftlich-theoretische Güte des Verfahrens.

Kapitel 5: Die weiteren Einsatzbereiche der Kompetenzdiagnostiktools

Was Sie in diesem Kapitel erfahren

Sie wissen jetzt sehr genau, wie Sie mithilfe der Ausrichtung auf den Kompetenzauf- und -ausbau Ihre Unternehmensvision und Unternehmensstrategie verwirklichen, sie in direkte Performance abbilden und Ihre Führungskräfte und Mitarbeiter fördern können. Ein Kompetenzdiagnostiktool lässt sich zudem noch in zahlreichen weiteren Bereichen einsetzen und nutzen. In diesem Kapitel erfahren Sie, welche Einsatzbereiche die wichtigsten sind und dass sich mit dem Kompetenzansatz und insbesondere ASSESS einige der unternehmerischen Herausforderungen der Zukunft bewältigen lassen.

Die Einsatzbereiche, in denen Kompetenzdiagnostiktools von Nutzen sind, lauten:

- persönliche Entwicklung,
- Personalauswahl,
- internes Talentmanagement,
- Employer Branding.

Die persönliche Weiterentwicklung durch Kompetenzorientierung vorantreiben

Das folgende – fiktive, aber auf authentischen Erfahrungen beruhende – Fallbeispiel zeigt, dass die kompetenzorientierte Weiterentwicklung eines Unternehmens zugleich einen hohen Nutzen für die persönlich-individuelle Entwicklung einer Führungskraft oder eines Mitarbeiters hat.

Praxisbeispiel: Wie Herbert Exampel dem Peter-Prinzip entkam

Herbert Exampel ist ein erfolgreicher Versicherungsmakler. Er versteht es exzellent, in die Vorstellungs- und Sprachwelt seiner Kunden einzutauchen. Er weiß, sich im Gespräch zurückzunehmen, hört aktiv zu und stellt die richtigen Fragen zum richtigen Zeitpunkt. Sowohl dem sicherheitsorientierten Bewahrertyp als auch dem risikofreudigen Abenteurer bietet er genau das Finanzprodukt und exakt die Finanzanlage oder Immobilie an, die der Kunde benötigt, um seine Vision, Wünsche, Träume und Hoffnungen zu erfüllen.

Der Beförderungs-Albtraum

Schließlich wird Herbert Exampel befördert. Elke, seine Frau, jubelt – endlich werden die Leistungen des Gatten gebührend anerkannt. Doch für den Makler entwickelt sich der lang gehegte Traum zum Albtraum. Denn die Beförderung katapultiert ihn auf die Stufe seiner Inkompetenz. Die herausragenden Fähigkeiten, aufgrund derer er es in seinem Job zu Ansehen und Anerkennung gebracht hat, nutzen ihm in seiner Position als Führungskraft wenig. Er muss feststellen, dass ihm die meisten Führungskompetenzen schlichtweg fehlen.

„In einer Hierarchie neigt jeder Beschäftigte dazu, bis zu seiner Stufe der Unfähigkeit aufzusteigen" – dieser Satz ist in die Managementliteratur als das „Peter-Prinzip" eingegangen, benannt nach seinem Entdecker Laurence J. Peter. Peter stellte während seiner Ausbildung fest, dass „es in jeder Organisation eine Anzahl Menschen gab, die unfähig waren, ihrer Arbeit gerecht zu werden" –, weil sie auf der Karriereleiter auf einer Stufe angelangt waren, die zu hohe Anforderungen an sie stellte und sie vollkommen überforderte.

Auch Herbert Exampel leidet unter der „Pathologie des Erfolgs": Nach der Beförderung ist er zwar noch in der Kundenbetreuung tätig, führt aber zugleich ein Maklerteam mit sieben Mitarbeitern. Jedoch: Er findet keinen Zugang zu ihnen, sie können seine Entscheidungen nicht nachvollziehen, seine Zielvorstellungen werden geradezu torpediert. Seine kritischen Einwände werden nicht angenommen – sie „kommen zu harsch und destruktiv rüber", heißt es.

Am schlimmsten für ihn ist: Er weiß von zwei Mitarbeitern, die am liebsten sofort in ein anderes Team wechseln würden. Der ehemalige Überflieger erlebt sowohl einen bitteren Absturz als auch ein persönliches Desaster: Ehefrau Elke und er selbst sind todunglücklich über die lang ersehnte Beförderung. Und der Druck von oben macht die Sache nicht leichter: Die Geschäftsleitung erwartet von ihm mehr Umsatz, gute Teamleistungen, motivierte Mitarbeiter, ein sonniges Betriebsklima.

Und so muss Herbert Exampel endgültig zur Kenntnis nehmen: Er ist ein ausgezeichneter Makler – als Teamleiter muss er aber Qualifikationen aufweisen, die er nicht hat, etwa die Kompetenz, Mitarbeiter zu motivieren oder Einzelkämpfer zu einem Team zusammenzuschweißen.

Zielkompetenzmodelle entwickeln

Doch dann entwickelt das Finanzdienstleistungsunternehmen Zielkompetenzmodelle für die wichtigsten Führungspositionen. Das individuelle unternehmensinterne Kompetenzmodell für Teamleiter umfasst die folgenden Kompetenzen:

- Visionskraft,
- zielorientierte Führung,
- Motivationskraft,

- Mitarbeiterentwicklung,
- Veränderungskraft,
- Kundenorientierung.

Dies sind nicht die einzigen, aber doch die wichtigsten Kompetenzen, über die auch Herbert Exampel als Teamleiter im Maklerunternehmen verfügen sollte. Bei ihm zeigen sich (Abbildung 13) bei den sechs Hauptkompetenzen die folgenden Übereinstimmungen mit dem ASSESS Profil, also mit der idealen Kompetenzzusammenstellung:

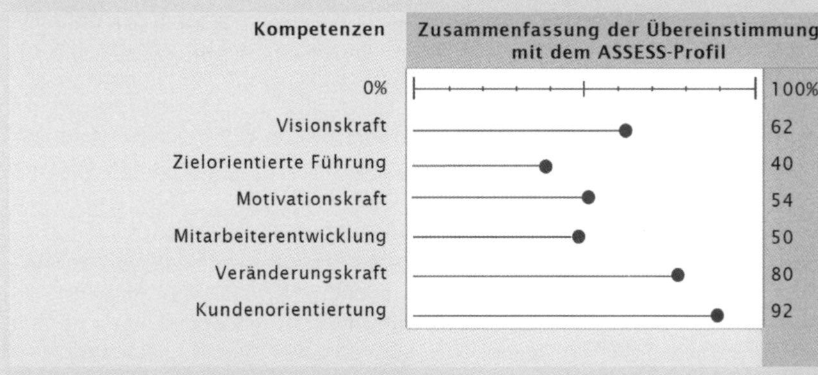

Abb. 13: Herbert Exampels Kompetenzprofil

Herbert Exampels Kompetenzlücken

Herbert Exampel ist enttäuscht über seine zum Teil geringen Ausprägungsgrade. Aber der ASSESS-Experte verdeutlicht ihm: Er darf die Kompetenzbewertungen nicht im Sinne eines „durchgefallen" oder „bestanden" interpretieren. Eine geringe Übereinstimmung – etwa bei der zielorientierten Führung – heißt nicht, dass diese Kompetenz bei ihm überhaupt nicht ausgebildet wäre. Sie deutet vielmehr auf eine Kompetenzlücke hin, auf eine Differenz zwischen Kompetenz-Soll und Kompetenz-Ist, die durch Entwicklungsmaßnahmen geschlossen werden kann.

Je länger sich Herbert Exampel mit „seinem" Kompetenzmodell beschäftigt, desto mehr kommt er zu dem Ergebnis: Er versteht es nicht, verantwortungsvoll zu delegieren, Mitarbeiter in Entscheidungen einzubinden – er meint, „alles" selbst erledigen zu müssen – und traut anderen nicht zu, in Kundenwelten einzutauchen. Es gelingt ihm zu selten, die Mitarbeiterperspektive einzunehmen und Menschen je nach ihrem Motivationstypus zu führen.

Zugleich aber ist Herbert Exampel erleichtert. Denn jetzt endlich ahnt er, worauf seine Probleme bei der Teamleitung zurückzuführen sind. So erfährt er bei der Detailauswertung im Bereich der „zielorientierten Führung" von ASSESS:

- Er ist von Natur aus energisch, er denkt und handelt sehr zielorientiert. Dieses Persönlichkeitsmerkmal hat ihm bei der Kundenbetreuung geholfen – und es prädestiniert ihn zur Führungskraft. Analyseergebnisse wie dieses zeigen ihm, dass er „es kann" und eben nicht auf die Stufe der Inkompetenz befördert wurde.
- Er ist emotional ausgeglichen und verfügt über ein grundsätzlich positives Menschenbild. Er glaubt daran, dass Menschen eigenverantwortlich arbeiten können und wollen. Bei der bisherigen Teamführung war er wohl aus Unsicherheit nicht in der Lage, den Teammitgliedern Freiräume für eigenständige Entscheidungen und selbstständiges Arbeiten zu eröffnen.
- Seine Eigenschaft, sich – etwa im Kundengespräch – zurückzunehmen, ist bei der Mitarbeiterführung zuweilen hinderlich. Denn es gibt Führungssituationen, in denen er Tacheles reden und entschlossen vorangehen muss. Eigenschaften, die ihn als Verkäufer stark gemacht haben, behindern ihn bei der Führungsarbeit eher.
- Sein Bedürfnis, von anderen gemocht zu werden, ist gering ausgeprägt. Dies kann ihn einerseits zu unabhängigen Entscheidungen befähigen, ihn jedoch andererseits daran hindern, ein kooperatives Arbeitsumfeld zu schaffen.
- Er neigt zur Skepsis, ist überkritisch und fehlerfixiert. Nun weiß er, warum seine kritischen Einwände im Team nicht angenommen werden: Er wird von den Mitarbeitern als notorischer Kritikaster wahrgenommen.

Individueller Entwicklungsplan

Herbert Exampel weiß jetzt sehr genau, welche Kompetenzlücken er schließen muss, um sich zu einer „guten Führungskraft" entwickeln zu können. Und darum ergreift er die Initiative, um sich eigenverantwortlich weiterzubilden: Er beschließt, mit der „zielorientierten Führung" und der „Motivationskraft" zu beginnen und liest einige Fachbücher zu den Themen. Noch wichtiger ist die Zusammenarbeit mit einem Teamleiter, der über langjährige Führungserfahrung verfügt und diese an Herbert weitergeben will. Dabei legt er Wert darauf, dass Herbert seine Kritikfähigkeit produktiv und konstruktiv einsetzt, um Mitarbeitern die Möglichkeit zu geben, aus Fehlern zu lernen.

Zudem nimmt Herbert Exampel an einem Seminar teil, um die verschiedenen Motivationstechniken einzuüben und die Fähigkeit zu trainieren, im Motivationsgespräch mitarbeiterindividuelle Anreize zu setzen. Und demnächst startet für den Teamleiter ein firmeninternes Einzelcoaching.

Seine ersten Erfolge als Teamleiter bestärken den Teamleiter darin, den eingeschlagenen Weg der „lebenslänglichen" Kompetenzentwicklung konsequent weiterzuverfolgen. Nicht nur seine Mitarbeiter sind zufrieden mit dem „neuen" Chef und reagieren mit mehr Motivation, auch Ehefrau Elke kann sich endlich so richtig freuen – über die Beförderung und, dass ihr Herbert dem Peter-Prinzip entkam.

Herbert Exampels Beispiel belegt die Evidenz der Arbeit mit Kompetenzdiagnostiktools auch für die Entwicklung von Führungskräften und Mitarbeitern. So können sich diese optimal darauf vorbereiten, eine hochrangige Position einzunehmen. Zudem sind sie in der Lage, dem Arbeitgeber und dem Unternehmen ihren Willen zur konsequenten Karrierefokussierung zu verdeutlichen und überdies diejenigen Kompetenzen punktgenau zu erwerben, die sie benötigen, wenn sie eigeninitiativ einen engagierten Beitrag zu ihrer Fortentwicklung leisten wollen.

Wer seine eigene Karriere kompetenzorientiert voranbringt sorgt zudem für eine hohe Arbeitszufriedenheit. Denn wenn das Kompetenz- oder Qualifikationsprofil genau zum Anforderungsprofil einer Stelle passt, ist die Wahrscheinlichkeit hoch, dass sich ein Mensch dort einfach wohlfühlt. Schließlich kann er seine Begabungen in diesem Job optimal einsetzen und entfalten – und das wirkt sich in aller Regel auf die Arbeitszufriedenheit und den „Spaß am Job" positiv aus.

Kompetenzbasierte Personalauswahl: Den richtigen Mitarbeiter für vakante Stellen finden

Die einzelnen Einsatzbereiche für die verschiedenen Möglichkeiten der kompetenzorientierten Weiterentwicklung mithilfe eines Kompetenzdiagnostiktools gehen zuweilen ineinander über, insbesondere dann, wenn Weiterbildungsaktivitäten sowohl im Sinne der Firma als auch der Führungskraft oder des Mitarbeiters sind. Das Beispiel von Herbert Exampel zeigt, dass das Finanzdienstleistungsunternehmen nun für alle relevanten Positionen ein eigenes Kompetenzmodell entwickeln könnte, um das Personalmanagement effektiver zu gestalten und den richtigen Mitarbeiter für die richtige Stelle zu finden.

Persönlichkeit und Kompetenzen als Kriterien

In dem Gespräch mit einem Bewerber um eine zu besetzende Stelle geht es auch, aber nicht nur, darum, ihn näher kennenzulernen, den „Nasen-" oder „Sympathiefaktor" zu überprüfen und festzustellen, ob die Chemie zwischen Arbeitgeber und Arbeitnehmer, zwischen Vorgesetztem, Kollegenteam und Bewerber stimmt. Geprüft werden muss überdies und vor allem, ob der Bewerber die notwendigen Fähigkeiten mitbringt, und welche Weiterbildungsmöglichkeiten eventuell noch wahrgenommen werden müssen, um Bewerberprofil und Stellenanforderungen zur Übereinstimmung zu bringen. Ebenso wichtig ist die Frage, ob die Einstellung des Bewerbers, etwa zu seiner Tätigkeit, und seine Werteorientierung zum Unternehmen passen.

Nur Unternehmen, die um die Stärken und die Werteorientierung ihrer Bewerber wissen, können eine Prognose und somit eine fundierte Entscheidung abgeben, ob Stelle und Bewerber zueinanderpassen. Das Wissen um die benötigten Kompetenzen und die vorhandenen Potenziale ist unabdingbar, um Bewerber passgenau zu fördern. Und es hilft, ein schlagkräftiges und langfristig wettbewerbsfähiges Team aufzubauen, mit dem Unternehmensziele erreicht werden können. Wenn dabei objektive Kriterien angewendet und transparente Entscheidungsprozesse durchgeführt werden, sollte es den HR-Verantwortlichen und Führungskräften gelingen, die am besten für eine Position geeigneten Kandidaten auszuwählen.

Wieder lohnt es sich, Kompetenzdiagnostiktools einzusetzen. ASSESS eignet sich, weil es die Persönlichkeit, die Werteorientierung *und* die Fähigkeiten eines Bewerbers unter die kritische Auswahllupe legt. Angemerkt sei an dieser Stelle, dass die Bedeutung der Persönlichkeit für die Jobperformance noch gar nicht so lange unumstritten ist. Es scheint aber so zu sein, dass die Persönlichkeit eines Menschen einen sehr viel größeren Effekt auf die Leistung hat, als bisher angenommen wurde. Die Persönlichkeit gibt Hinweise auf Aspekte der professionellen Leistung, die in einer Beziehung zu Wissen, Fähigkeiten oder Fertigkeiten stehen.

Der Hintergrund: Die „richtigen“ Mitarbeiter streben oft aus eigenem Antrieb nach Spitzenleistung. Sie setzen alles dafür ein, Erfolg zu haben. Mitarbeiter mit dieser inneren Einstellung sind zudem zufriedener mit ihrem Arbeitsplatz, sie empfinden mehr Freude bei der Arbeit und fühlen sich weniger gestresst. Sie stellen eine Kraft dar, die die Geschäftsentwicklung positiv beeinflusst. An diesen Fakten lässt sich überdies erkennen, welchen weitreichenden Einfluss Personalentscheidungen auf den Unternehmenserfolg haben.

Bringt ein Bewerber die für den Job benötigten persönlichkeitsbedingten Anlagen bzw. Begabungen mit, so können die noch fehlenden fachlichen Kenntnisse zum größten Teil durch Training erworben werden. Der Versuch, im Nachhinein bei Menschen „nicht passende“ Persönlichkeitseigenschaften zu verändern, ist indessen reine Zeitvergeudung und widerspricht dem „Megatrend Mensch®“, also dem Bestreben der Unternehmen, den Menschen die

Möglichkeit zu geben, ihre Anlagen am Arbeitsplatz optimal zu entfalten, um so auch als Unternehmen und Arbeitgeber einen größtmöglichen Nutzen aus den Kompetenzen eines Mitarbeiters zu ziehen.

Wir wollen es so ausdrücken: Passen Persönlichkeit und Verhaltensweisen eines Bewerbers zu einem Großteil nicht zur Stelle – und umgekehrt –, ist es wahrscheinlich sinnlos, überhaupt einen Versuch zu starten, Dinge, die nicht zusammenwachsen können, aufeinander abzustimmen.

Entsprechen Persönlichkeit und Verhaltensweisen nicht der zu besetzenden Stelle, müsste ein Mitarbeiter sich überdurchschnittlich stark anstrengen, um seinen Job einigermaßen befriedigend zu erledigen. Wahrscheinlich wird es ihm aber nicht gelingen, es ähnlich gut zu machen wie jemand, dessen Vorlieben genau zu dieser Tätigkeit passen. Wer in seinem Job augenscheinlich „versagt", sitzt oft nur am falschen Platz, weil er sein Persönlichkeits- und Kompetenzprofil besser an anderer Stelle mit mehr Stärken einbringen könnte. Stärken aber am richtigen Platz ausspielen zu können, bringt Motivation und Leichtigkeit mit sich.

- **Entscheidungsparameter objektivieren**

Je besser der Personalverantwortliche über die Kompetenzen, die Persönlichkeitsfaktoren und die Einstellungen eines Kandidaten Bescheid weiß, desto solider ist seine Entscheidungsgrundlage. Mithilfe von ASSESS und den verschiedenen Auswahl- und Entwicklungsreports erhält der Personalverantwortliche konkrete Hilfestellung bei der Bewertung, ob es sich beim Bewerber um „den richtigen" handelt oder nicht. Die Performanceanalyse erlaubt eine Einschätzung seiner Persönlichkeit und seiner Potenziale, die Kompetenzanalyse unterstützt das Unternehmen bei der Feststellung, welche notwendigen Kompetenzen – im Vergleich zum unternehmensspezifischen Kompetenzmodell – vorhanden sind und welche nicht. Insbesondere der Auswahlreport zur Performanceanalyse enthält Informationen, die den Human-Resources-Experten bei der Entscheidung über die Auswahl und Einstellung, aber auch bei der Frage unterstützen, welche Führungskraft oder welcher Mitarbeiter befördert werden soll.

Weil das Ergebnis der Analyse die Passung eines Bewerbers zur Position und Aufgabe gegen eine Vergleichsgruppe vornimmt, objektiviert sich das „Urteil" des Entscheiders. So kann es durchaus vorkommen, dass sich ein Bewerber, der sich im Gespräch sehr gut präsentiert und für die Stelle geeignet erscheint, nicht als der beste Kandidat erweist. Denn ASSESS zeigt dem Personaler, dass der Kandidat in Relation zur Vergleichsgruppe gar nicht so gut abschneidet. Die Schlussfolgerung, die er daraus ziehen kann, ist, dass er noch nicht den geeignetsten Kandidaten für die Position gefunden hat.

Die Relativität von Bewertungen und die Objektivierung durch ein Kompetenzdiagnostiktool ergeben sich zudem im umgekehrten Fall: Ein Blick auf die Vergleichsgruppe lässt den Personalverantwortlichen, der einen Bewerber als nicht hundertprozentig geeignet für die vakante Stelle ansieht, sein Urteil noch einmal überdenken. Vielleicht muss er feststellen und vor allem akzeptieren, dass die Wahrscheinlichkeit, einen noch besseren Bewerber zu finden, eher gering ist, weil der aktuelle Kandidat laut ASSESS in Relation zur Vergleichsgruppe sehr gut dasteht.

Das heißt nicht, dass der HR-Experte seine persönliche Meinung unbedingt revidieren muss. Ihm eröffnet sich aber auf jeden Fall eine weitere Dimension in der Einschätzung eines Bewerbers.

- **Kosten senken mit Kompetenzdiagnostiktools**

Es gibt weitere Gründe, die für den Einsatz eines Kompetenzdiagnostiktools bei der Personalauswahl sprechen. Dazu gehören zum Beispiel Kosteneinsparungen bei den Reisekosten, die Vermeidung von Fehlbesetzungen – wodurch (materielle und immaterielle) Kosten in erheblicher Höhe vermieden werden können – und die Verkürzung der Endauswahlverfahren. Zudem lässt sich eine signifikant höhere Produktivität bei den durch Potenzialanalyse ausgewählten Mitarbeitern feststellen.

In anderen EU-Staaten werden in durchschnittlich drei von vier Unternehmen „Tests“ eingesetzt. In den anderen westeuropäischen Ländern werden Tests in der Bewerberauswahl bereits in etwa 70 bis 80 Prozent der Unternehmen verwendet. Lediglich Deutschland und Italien bilden mit einer Nutzungsquote von unter 20 Prozent eine Ausnahme. Es gibt mithin ein beträchtliches Zuwachspotenzial beim Einsatz von Potenzialanalysen in Deutschland.

Die Prozesse und Systeme in der Personalauswahl und -entwicklung sollten, wie auch die anderen Schlüsselfaktoren eines Unternehmens, direkt die strategischen Ziele und Zielsetzungen des Unternehmens unterstützen. Diesen Anspruch kann ein Unternehmen jedoch nur verwirklichen, wenn es den Erkenntnissen, die es über die Potenziale von Kandidaten und Mitarbeitern gewinnt, ebenso viel Bedeutung beimisst wie anderen Faktoren.

Kompetenzen, Verhalten und Werte in das Jobprofil integrieren

Natürlich sollte einem Unternehmen nicht der Fehler unterlaufen, bei der Personalauswahl auf die Kompetenzen allein zu achten. Bei einem Kompetenzdiagnostiktool wie ASSESS ist die Frage, welche Persönlichkeit ein Mensch hat, integriert. Aber der Einsatz weiterer Tools hilft, das Soll-Profil eines Kandidaten zu verfeinern. Das Profil sollte methodische, soziale und vor allem menschliche Komponenten enthalten (Abbildung 14), die die folgenden drei Bereiche umfassen:

- Was: Kompetenz
- Wie: Verhalten
- Warum: Werte

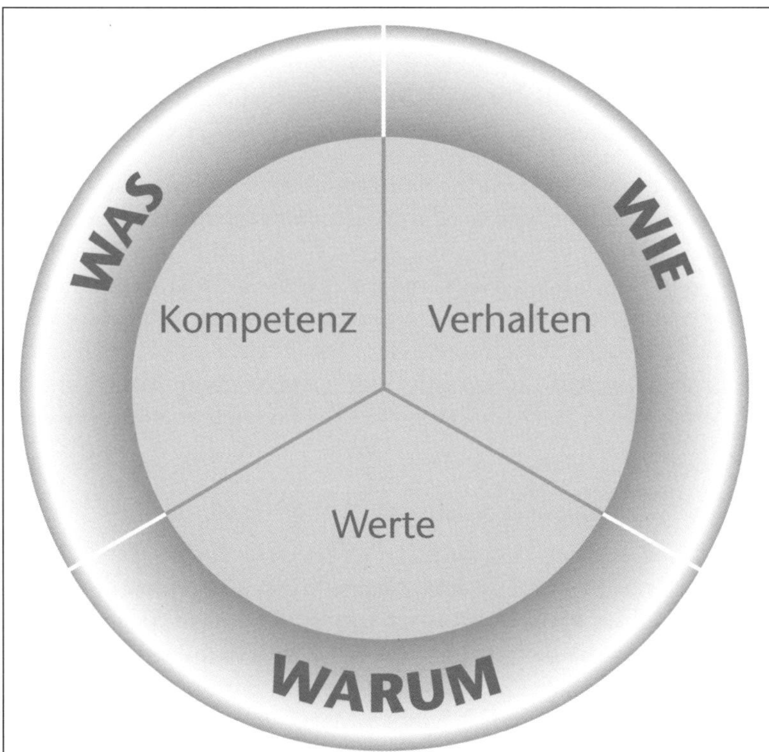

Abb. 14: Kompetenzen, Verhalten und Werte

- Beim „Was“ geht es um die Kompetenz, also die Frage: „Welche Kompetenzen benötigt die ausgeschriebene Position?“ Sind sie nicht klar definiert, wird der Bewerber die Aufgabe nicht erfüllen können.
- Beim „Wie“ stehen das Verhalten und die Frage im Mittelpunkt: „Welche Persönlichkeitsmerkmale benötigt die Position?“ Geht es um Forschung und Entwicklung, wäre möglicherweise ein eher introvertierter, analytischer Mensch geeignet. Muss jedoch beim Kunden repräsentiert und verkauft werden, dann sollte das Unternehmen nach einem extrovertierten und kommunikativen Menschen suchen.
- Beim „Warum“ geht es um die Werte und die Frage: „Welche Wertekultur hat das Unternehmen?“ Danach richtet sich, welche primären Werte von einer Führungskraft oder einem Mitarbeiter erwartet werden.

Aus den Antworten zu den Fragen ergibt sich ein Profil, aus dem hervorgeht, wen ein Unternehmen sucht: Was für ein Mensch soll – zum Beispiel – eine Führungskraft sein, welche Persönlichkeit soll sie haben, welche Kompetenzen soll sie beherrschen und welche Werte sollen sie antreiben.

Die Ergebnisse stehen als Vorgaben für Kompetenzen, Persönlichkeitsmerkmale und Werte in der Stellenausschreibung. Im nächsten Schritt gleicht das Unternehmen die interessanten Bewerber gegen dieses Profil ab. Es gilt, das wahre Potenzial der Kandidaten zu erkennen – nicht nur in der persönlichen Begegnung, sondern zudem mithilfe computerbasierter Persönlichkeitstests, die die klassischen Methoden der Bewerberauswahl wie Bewerbungsanalyse, Einholung von Referenzen oder Vorstellungsgespräch ergänzen, indem sie unbewusste Verhaltensweisen und Einstellungen zu erfassen versuchen.

• Das Verhalten eines Bewerbers evaluieren

Um die von einem Bewerber bevorzugten Verhaltensweisen – seine sogenannten Verhaltenspräferenzen – zu analysieren, dient zum einen das Kompetenzdiagnostiktool ASSESS, wie es bisher vorgestellt wurde. Um ein noch differenzierteres und ganzheitliches Bild von der Persönlichkeit, den Werten und Grundüberzeugungen des Kandidaten zu gewinnen, lohnt es sich, ein Persönlichkeitsdiagnostiktool wie INSIGHTS MDI® einzusetzen – es gehört zu den renommierten und bewährten Erklärungsmodellen menschlichen Verhaltens. Seine Wurzeln liegen bei den Erkenntnissen des Psychologen

Carl Gustav Jung; es stützt sich auf Untersuchungen der ungarischen Psychologin Jolande Jacobi und des US-amerikanischen Psychologen William Moulton Marston.

Durch das INSIGHTS Management Development Instrument (MDI)® können mittlerweile 60 individuelle Persönlichkeitsprofile mit 384 Nuancen erfasst werden. Das INSIGHTS-MDI®-Verfahren stellt eine ergänzende Möglichkeit dar, Bewerber auszuwählen und sie mit einem genau definierten Jobprofil abzugleichen. INSIGHTS MDI® und ASSESS ergänzen sich dabei insofern, als dass bei INSIGHTS vor allem die Werte und die Einstellungen eines Menschen unter die Lupe des Personalentwicklers genommen werden können, während bei ASSESS die Kompetenzen im Fokus stehen.

Je stärker sich das definierte Jobprofil mit den Verhaltenspräferenzen eines Bewerbers deckt, umso engagierter, leidenschaftlicher und besser wird derjenige seinen Job erledigen können. Anhand eines ausgefüllten Fragebogens wird eine 10- bis 34-seitige Analyse erstellt, die mit einer 90-prozentigen Genauigkeit die Verhaltenspräferenzen und Stärken eines Kandidaten beschreibt. Sie werden mit dem Ergebnis der Arbeitsstellenanalyse abgeglichen.

INSIGHTS MDI® misst dabei sowohl das im Beruf gezeigte adaptierte – mithin angepasste – Verhalten als auch den natürlichen Basisstil, den ein Mensch zeigt, wenn er nicht auf die äußeren Bedingungen achten muss, die durch seinen Beruf vorgegeben werden. So kann ein Personalentscheider erkennen, ob ein Bewerber sehr viel Energie und Anstrengung aufbringen muss, um sich den Bedingungen des Jobs anzupassen, oder ob diese seinem natürlichen Verhaltensstil entsprechen.

Das Verfahren unterteilt die persönlichen Verhaltensstile in acht Haupttypen (Abbildung 15), mit denen sich die Bandbreite menschlichen Verhaltens im Beruf beschreiben lässt und die hier nur in aller Kürze genannt sein sollen[11]:

1. *Direktor*: Er ist ein ziel- und ergebnisorientierter Macher und Bestimmer, für den nur die Leistung zählt.
2. *Motivator*: Seine Fähigkeit ist, andere für die Ziele, die er sich gesteckt hat, zu gewinnen.

[11] Für grundlegende und nähere Informationen vgl. Scheelen (2006) und Christiani, Scheelen (2008)

3. *Inspirator*: Er ist eloquent, stark im Kontakt mit anderen Leuten, sehr ideenreich und flexibel.
4. *Berater*: Er denkt an andere und das Team, ist auf Harmonie und Ausgleich der Interessen bedacht.
5. *Unterstützer*: Er verfügt über Beziehungsstärke und leistet die beste Arbeit, wenn er klare Anweisungen hat sowie ein überschaubares und konstantes Umfeld.
6. *Koordinator*: Er ist hilfsbereit und entgegenkommend und erkennt rasch komplexe Zusammenhänge.
7. *Beobachter*: Er beschäftigt sich lieber mit Sachen als mit Menschen. Er ist ein Denker und Tüftler, der, sofern er genügend Zeit hat, hervorragende Lösungen erarbeitet.
8. *Reformer*: Er braucht ein klares Ziel und kann schwierige Zusammenhänge auch unter Zeitdruck bearbeiten. Sein Perfektionsdrang und sein Umsetzungswille dominieren.

Abb. 15: Menschliches Verhalten – die acht Haupttypen nach INSIGHTS MDI®

Wir haben schon gesehen: Diese acht Grundtypen werden in 60 Mischtypen verfeinert und in ihren Stärken und Schwächen ausführlich beschrieben, sodass der Personaler, der einen Bewerber einem der Mischtypen zuordnet, ein sehr detailliertes Bild des Kandidaten erhält, das er schließlich mit dem Soll-Profil abgleichen kann.

- **Werte und Grundüberzeugungen eines Bewerbers einschätzen**

Nicht zu unterschätzen bei der passenden Besetzung einer Position sind neben dem Verhalten und den Kompetenzen die Werte und Grundüberzeugungen, die einem Bewerber wichtig sind. Sie legen die Basis dafür, mit welcher Begeisterung und Motivation ein Mensch eine Aufgabe übernimmt und ausführt. Denn Werte sind die Motive unseres Handelns, sie sind die eigentlichen inneren Motoren.

INSIGHTS MDI® unterscheidet zwischen sechs grundlegenden Werten, von denen meist zwei bei einem Menschen dominant sind. Grundlage sind die Erkenntnisse des deutschen Kulturphilosophen und Psychologen Eduard Spranger, die er in seinem Buch „Lebensformen" bereits 1914 darlegte. Selbstverständlich verfügt jeder Mensch über mehr als einen dieser sechs Werte. Doch in der Regel sind zwei Werte besonders stark ausgeprägt. Sie sind letztendlich der Grund, warum ein Mensch eine bestimmte Aufgabe besonders gern und eine andere besonders widerwillig erfüllt:

1. *Der theoretische Wert: Intellekt und Kompetenz.* Menschen mit hohem theoretischem Wert geht es um Wissen, Wahrheit, Hintergründe und Ursachen. Sie gehen den Dingen auf den Grund und geben sich nicht zufrieden, bis sie alles hinreichend beobachtet, geordnet und systematisiert haben. Dabei steht für sie die bloße Erkenntnis im Vordergrund – sie urteilen nicht.
2. *Der ökonomische Wert: Unternehmertum und Nutzen.* Geld, Sicherheit und Wertanlagen sind für Menschen mit einem stark ausgeprägten ökonomischen Wert am wichtigsten. Alles, was sie im Leben tun, muss einen Nutzen haben und sich im wahrsten Sinne des Wortes auszahlen. Darum ist es für sie wichtig, messbare und vergleichbare Ergebnisse zu sehen.

3. *Der ästhetische Wert: Selbsterfüllung und Harmonie.* Ob etwas nützlich ist oder nicht, ist Menschen mit einem besonders hohen ästhetischen Wert nicht wichtig. Hauptsache, es sieht gut aus oder fühlt sich gut an. Formen und Farben, stilvolles Ambiente, Kunst und intensive Gefühle sind ihnen äußerst wichtig.
4. *Der soziale Wert: Selbstlosigkeit und Hilfsbereitschaft.* Menschen mit hohem sozialem Wert nehmen andere Menschen bisweilen wichtiger als sich selbst. Ihr größtes Bestreben ist es, anderen zu helfen, sie zu unterstützen und ihnen Arbeit abzunehmen.
5. *Der individualistische Wert: Führung und Einfluss.* Machtstreben, Führungsanspruch und präzise Karriereplanung stehen für Menschen mit hohem individualistischem Wert im Vordergrund. Ihr großes Ziel ist es, ihren Einfluss geltend zu machen und sich so von der Masse abzuheben.
6. *Der traditionelle Wert: Sinn des Lebens.* Ideale und Prinzipien sind die Eckpfeiler im Leben der Menschen mit einem ausgeprägten traditionellen Wert. Sie setzen sich für ihre Überzeugungen engagiert und leidenschaftlich ein.

Erst wenn Position und Aufgabe den inneren Werten eines Bewerbers entsprechen, ist er wirklich mit Engagement und Leidenschaft bei der Arbeit. Dann wirft ihn auch eine berufliche Durststrecke nicht so schnell aus der Bahn.

Selbstverständlich kann auch der Bewerber eine Arbeitsstellenanalyse durchführen. Dadurch erfährt er, ob er die Position und das Verhalten, das für die Stelle erforderlich ist, richtig einschätzt. Klafft hier eine Lücke, so besteht entweder Klärungsbedarf oder der Personalentscheider erkennt, dass der Bewerber für die Stelle nicht infrage kommt, da er sie nicht adäquat einschätzen kann.

Und so bilden die Instrumente ASSESS und INSIGHTS MDI® in ihrer Kombination (Abbildung 16) die Möglichkeit, zum einen ein „ideales" Jobprofil zu entwerfen und zum anderen die Werteorientierung, die Kompetenzausprägung und die Verhaltensweisen eines Menschen einzuschätzen.

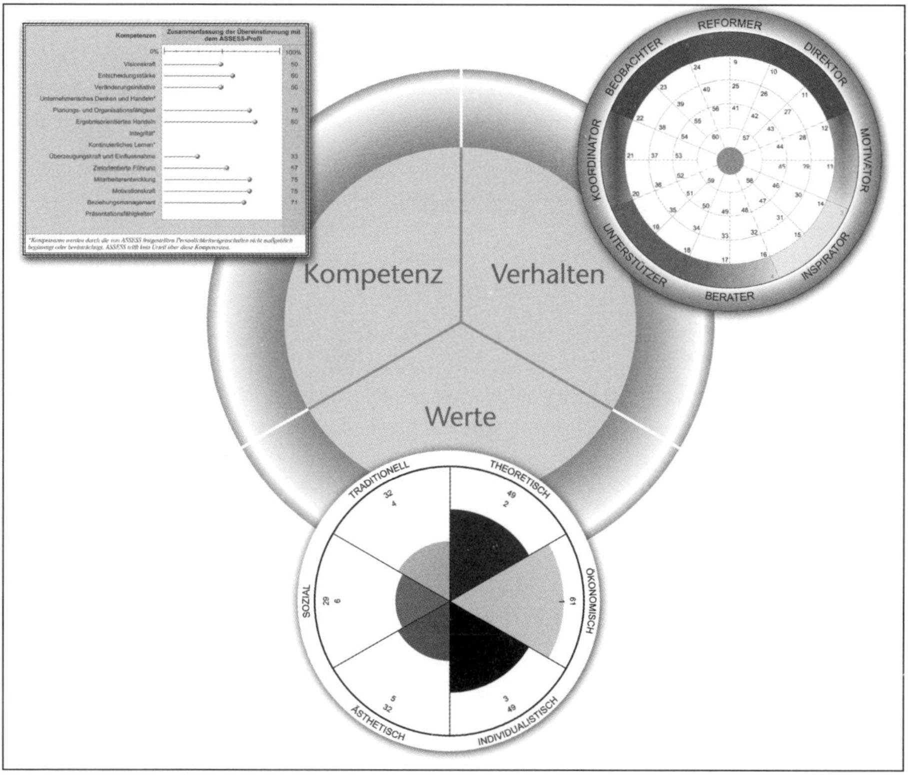

Abb. 16: Zusammenhang ASSESS und INSIGHTS MDI®

Die INSIGHTS-MDI®-Ergebnisse werden wie folgt abgebildet: Die Abbildung 17 zeigt das Soll-Profil einer Führungskraft (Viereck) mit hoher Ergebnis- und Zielorientierung. Der Bewerber bringt von seinem Basisverhalten (Punkt) eine hohe Beziehungs- und Menschenorientierung mit, er benötigt ein beständiges Umfeld. Das beim Bewerbergespräch nach außen gezeigte Rollenverhalten (Stern) weist jedoch auf einen sehr extrovertierten selbstbewussten Auftritt hin, mit dem der Bewerber dem Soll-Profil des Jobs gerecht werden wollte.

Fazit: Das Basisverhalten des Bewerbers entspricht dem Soll-Profil kaum. Diesen Spagat könnte er im täglichen Job wohl nicht aufrechterhalten. Die

Folgen wären Frustration, Stress, Überforderung und vielleicht auch Gesundheitsprobleme.

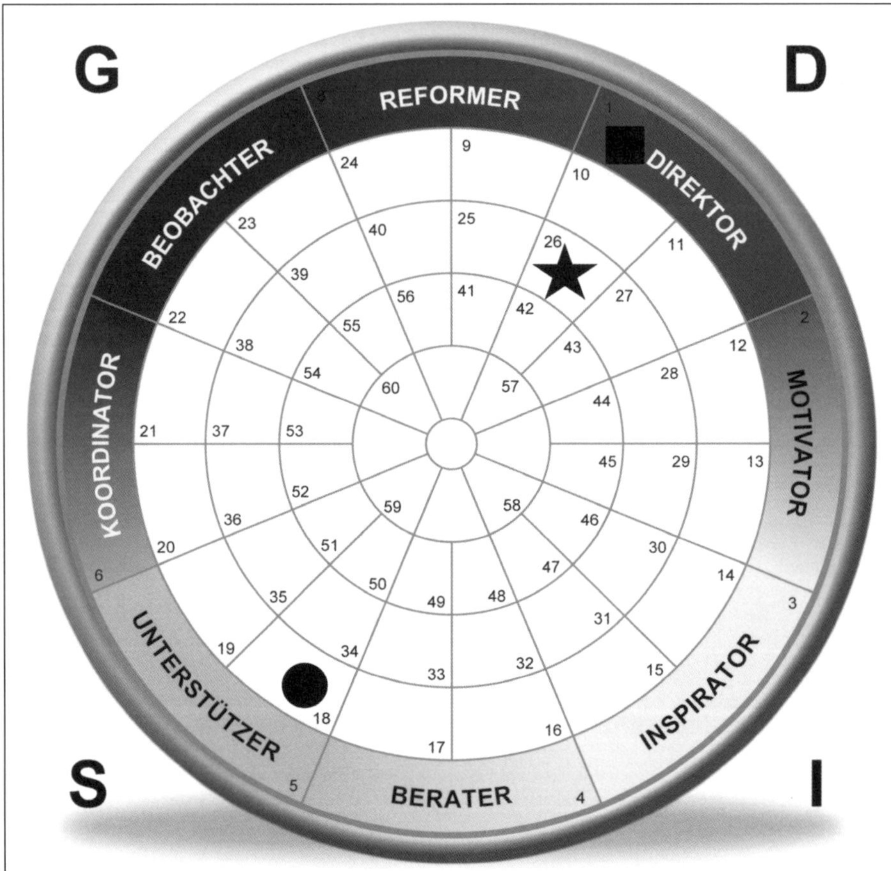

Abb. 17: INSIGHTS MDI®-Soll-Profil einer überforderten Führungskraft

Teams optimal zusammenstellen

Kompetenzdiagnostiktools und Persönlichkeitstypologien unterstützen die Unternehmen dabei, den „besten Mitarbeiter" zu finden und die „optimale Mitarbeiterbelegschaft" zusammenzustellen. Und so liegt es nahe, diese Instrumente einzusetzen, um die Teamzusammensetzung zu verbessern, also zu einem Team zu gelangen, dessen Mitglieder sich in ihren Persönlichkeitsprofilen, Verhaltensweisen, Kompetenzen und Stärken und Schwächen ergänzen. Auch hier ist wichtig, stets daran zu denken, dass es keine „besseren“ oder „schlechteren“ Persönlichkeitstypen gibt: Es geht nicht um Wertung! Es geht darum, die Stärken und das Sosein der unterschiedlichen Menschen zu erkennen und anzuerkennen und damit richtig im Sinn von fördernd, umzugehen – sie im gegebenen Fall in Teams zusammenzuführen, in denen sie sich in ihrer Struktur und ihrem Verhalten ergänzen und gemeinsam zu Fortschritt und Erfolg kommen.

Entscheidend sind wiederum die Vision, die Mission, die Zielsetzungen und die Aufgabenstellung des Teams. Sie bestimmen darüber, welche Menschen ein Team benötigt. Dass hier eine kluge Entscheidung getroffen wird, ist in Zeiten der Projektarbeit, für die für einen befristeten Zeitraum und zur Erledigung einer überschaubaren Aufgabe Teams gebildet werfen müssen, ganz besonders wichtig.

Die Unterschiedlichkeit der Menschen – bei der Teambildung ist sie Fluch und Segen zugleich. Segen deshalb, weil wohl kaum ein Team funktionieren würde, in dem – zum Beispiel – sechs Controller zusammentreffen. Und wenn die kreativen Funken sprühen, weil alle Teammitglieder zu den innovativen Visionären gehören, fiele es dem Team wohl schwer, vor dem Sankt Nimmerleinstag in die Umsetzung zu kommen.

Es ist gerade die Unterschiedlichkeit in den Fähigkeiten, in der Persönlichkeit, den Einstellungen und Verhaltensweisen der Menschen, die es erlaubt, ein Team mit Mitgliedern zusammenzustellen, die effektiv zusammenarbeiten. Nur machtbewusste Alphamännchen, nur pedantische Controller, nur risikoscheue Bewahrertypen im Team – das geht selten gut.

Unterschiedlichkeit wirkt belebend, inspirierend – und sie kann von allen das Beste einbringen. Allerdings ist es auch die Unterschiedlichkeit, die oft zu Widerständen, Auseinandersetzungen und Konflikten im Team führt. Deswegen wird als Rezept für gute Teamarbeit oft Uniformität verschrieben: Je ähnlicher sich die Persönlichkeiten der Teammitglieder sind, desto geringer erscheint die Wahrscheinlichkeit, dass Streit entsteht. Gleich und Gleich gesellt sich gern. Leider bedeutet „Gleich und Gleich“ aber häufig, dass alles gleich bleibt.

Wahrscheinlich kommt es auf die „gesunde Mischung“ an, die dann immer in Abhängigkeit von der konkreten Situation steht. Leistungsfähige Teams bestehen zumeist aus Menschen, die sich in ihren Fähigkeiten, Erfahrungen und Verhaltenstypen ergänzen.

Aber ganz gleich, für welche Teamzusammensetzung sich das Unternehmen oder der Teamleiter entscheidet: Voraussetzung ist, dass eine profunde und zuverlässige Einschätzung vorgenommen werden kann, mit welchen Menschen man es zu tun hat und wer für die Teamarbeit infrage kommt. Und an dieser Stelle kommen die genannten Tools zum Tragen, wie das folgende Beispiel belegt.

Fallbeispiel: Teamzusammensetzung mit Kompetenz- und Persönlichkeitsprofilen

Ein mittelständisches Unternehmen der Konsumgüterindustrie will ein Wissensmanagementsystem implementieren. Auf dem Weg zum „Lernenden Unternehmen" soll gewährleistet sein, dass jede Innovation, die in einer Zweigstelle oder einer Abteilung im Stammhaus erarbeitet wird, rasch für *alle* Mitarbeiter aufbereitet werden kann und als Online-Lernmodul zur Verfügung steht.

Da die Aufgabe im Rahmen der bestehenden organisatorischen Strukturen nicht gelöst werden kann, müssen aus der Linie Mitarbeiter für einen begrenzten Zeitraum aus ihren Positionen herausgelöst und zu einem siebenköpfigen Team zusammengeschweißt werden. Die Aufgabe soll also als Projekt aufgezogen werden.

Widerstreitende Verhaltensweisen

So weit, so gut. Das Team wird zusammengestellt: nur die besten Köpfe, sechs absolute Fachleute, ein Projektleiter. Doch bereits in der Kick-off-Phase zeigt sich: Da kann einfach nicht zusammenwachsen, was nicht zusammenpasst:

- Da ist der Internetspezialist, der kein Gespür für die Gefühle der Teammitglieder hat und bei dem sogar anerkennende Worte harsch und angriffslustig rüberkommen.
- Der Texter, zuständig für die Textverfassung des Moduls, platzt vor Kreativität, nervt andere Teammitglieder aber mit seinem ausgeprägten Hang zur chaotischen Arbeitsweise. Pünktlichkeit und Zuverlässigkeit scheinen für ihn Fremdwörter zu sein.
- Die Mitarbeiterin, der die didaktische Begleitung obliegt, ist eine ausgesprochene Pedantin und wehrt sich gegen jede Neuerung mit Händen und Füßen.
- Und der Projektleiter, aufgrund seines Status als Führungskraft mit einem hohen dominanten Anteil ausgestattet, eckt mit dem ebenfalls hitzigen Teammitglied an, das als visionärer Kopf für die innovative Ausrichtung des Lernmoduls zuständig ist.

Teams nach Rollenfunktionen zusammensetzen

Auf der Fachebene ist ein Konsens rasch erzielt: Bei der Teamzusammenstellung wird darauf geachtet, dass sich die Qualifikationen der Teammitglieder sinnvoll ergänzen. Das Team braucht sechs Fachleute, die jeweils einen Bereich, der zur Planung, Erstellung und Implementierung des Wissensmanagementsystems notwendig ist, abdecken.

Dasselbe sollte für den Verhaltensbereich gelten. Das Problem: Es wäre schon ein großer Zufall, wenn sich sieben Teammitglieder in ihren Fähigkeiten **und** in ihren Verhaltensmustern zugleich optimal und widerspruchsfrei ergänzen würden. Die Herausforderung: Trotzdem sollte die Überlegung, ob die Verhaltensstile komplementär sind, eine Rolle spielen.

Die für die Teamzusammenstellung verantwortlichen Führungskräfte überlegen: Es ist sinnvoll, bei der Teamzusammenstellung nicht nur die Kompetenzen der Teammitglieder, sondern auch die Persönlichkeitsprofile zu berücksichtigen. Läuft das Team durch den extrem dominanten Internetspezialisten nicht Gefahr, gesprengt zu werden? Sollte man ihn lieber nicht ins Team aufnehmen? Andererseits: Ist es nicht gerade seine Dominanz, die es unerlässlich macht, den Internetprofi ins Team zu integrieren?

Zweifelsfrei ist: Wenn die Persönlichkeitsprofile aller Teammitglieder feststehen und kommuniziert werden, kann das Verständnis füreinander wachsen. Denn nun weiß jeder, dass das Denken, die Wahrnehmung und die Kommunikation der anderen Teammitglieder vielleicht auf einer ganz anderen Ebene ablaufen, als dies bei einem selbst der Fall ist.

Dieses Wissen nützt auch dem Teamleiter. Er kann aufgrund der Kenntnis der Persönlichkeitsprofile beispielsweise darauf achten,

- nicht gerade den Kreativen im Team mit organisatorischen Aufgaben zu blockieren,
- dem disziplinierten Controller bei der Entfachung des Teamgeistes keine verantwortungsvolle Rolle zu übertragen und
- bei der Vergabe einer Spezialaufgabe nicht den Visionär und den Kostendenker zusammen zu bringen.

Um die Werte, Einstellungen, Verhaltensweisen und Kompetenzen der Teammitglieder konkreter einschätzen und deren Persönlichkeitsprofile bestimmen zu können, beschließt die Teamleitung, ASSESS und INSIGHTS MDI® einzusetzen.

Konflikte und Widerstände im Team überwinden

Die Persönlichkeitsprofile helfen dem Teamleiter bei Menschenführung und Konfliktbewältigung. Denn er kennt sein eigenes Persönlichkeitsprofil und weiß: „Wenn ich als dominanter Teamleiter mit dem selbstbestimmten, auf Status und Prestige bedachten Teammitglied diskutiere oder ein konfliktäres Mitarbeitergespräch führe, muss ich anders vorgehen als bei dem gelassenen und toleranten ‚Jasager', der zur Anpassung neigt."

Und bei Streitigkeiten zwischen Teammitgliedern kann er das Wissen um die Persönlichkeitsprofile nutzen, um Akzeptanz und Toleranz füreinander zu wecken.

Die Kenntnis der Profile darf nie zu eindimensionalen Reaktionsweisen führen – ein Beispiel: Oft kommen dominante Teamleiter mit ihrem „Gegenstück", dem beziehungsorientierten Mitarbeiter, gut klar. Kein Wunder – diese Eigenschaften prädestinieren ihn dazu, den Teamgeist zu stärken und dem Leiter die Teamführung zu erleichtern.

Allerdings heißt das nicht, dass zwischen ihnen stets eitel Sonnenschein herrschen muss. Das gemütlich-bequeme Gehabe des Mitarbeiters nervt den Leiter zuweilen gehörig – etwa wenn er nie Stellung bezieht – und sorgt für Konfliktstoff. Denn der zielorientierte Teamleiter empfindet dieses Gebaren als Stolperstein auf dem Weg zum Teamziel.

Fazit

Unsere Beispiele zeigen: Die Kenntnis der Persönlichkeitsstruktur und der Kompetenzen der Menschen erlaubt ein sehr differenziertes Vorgehen. Die Zusammenstellung des Teams in dem Unternehmen aus der Konsumgüterindustrie läuft darum idealtypisch so ab:

1. Beschreibung der Teamaufgabe und -ziele;
2. Festlegung der Kompetenzen, die zur Zielerreichung notwendig sind;
3. Auswahl der Teammitglieder, angelehnt an deren Kompetenzausprägung;
4. Erstellung der Persönlichkeitsprofile aller Teammitglieder inkl. Leiter;
5. Überprüfung der Teamzusammenstellung auf Grundlage der Profile;
6. Eventuell Änderungen bei Zusammensetzung vornehmen;
7. Teamführung, Teamarbeit und Konfliktlösung unter Nutzung der Kompetenz- und Persönlichkeitsprofile.

Talentmanagement: Führungspotenziale entdecken und individuell fördern

Kompetenzorientierte Unternehmens- und Personalentwicklung hat den weiteren Vorteil, Mitarbeiter sehr individuell fördern zu können. Und das ist für Unternehmen angesichts des demografischen Wandels und des so entstehenden „War for Talents", des „Kampfes" um die besten Köpfe, eine große Herausforderung, für die Lösungen gefunden werden müssen.

Der Hintergrund: Die Unternehmen haben zwar bei den Menschen, deren Leistungen weniger zum Unternehmenserfolg beitragen, immer noch die große Auswahl. Bei der kleineren, aber wichtigen Gruppe der High Potentials hingegen ist jener „War for Talents" in vollem Gang. Und es sind ausgerechnet jene High Potentials, bei denen die Loyalität zum Unternehmen nachlässt. Sie nehmen die jahrelang geforderte Flexibilität am Arbeitsmarkt ernst und sind wechselwilliger als ihre Vorgänger.

Dabei spielen nicht immer nur materielle Gründe eine Rolle. Junge Mitarbeiter und Führungskräfte achten verstärkt darauf, dass die Unternehmenskultur und die Unternehmensphilosophie zu ihren eigenen Werten und Überzeugungen passen. Sie sind in der aus ihrer Sicht glücklichen Lage, sich „ihren" Arbeitgeber aussuchen zu können.

Hinzu kommt, dass Talentmanagement an gesellschaftlicher Relevanz gewinnt: Eliteförderung und Leistungsdenken waren lange Zeit allein schon als Begriffe verpönt – auch hier hat sich ein Wandel vollzogen. Das Talentmanagement, das auf eine überschaubare kleine Gruppe von Mitarbeitern und Führungskräften abzielt, hat es aufgrund dieser neuen und toleranten Sicht auf die Förderung einer leistungsstarken Gruppe leichter, Akzeptanz zu finden.

Das heißt: Die Unternehmen betreiben effektives Talentmanagement und individuelle Personalentwicklung nicht als Selbstzweck und um einzelne Mitarbeiter und Führungskräfte zu beglücken – Ziel ist es, diejenigen Talente zu fördern, die entscheidend zum Unternehmenserfolg beitragen.

Personalentwicklung strategisch denken

Aus all diesen Gründen gehen die Firmen dazu über, Unternehmens- und Personalentwicklung konsequent aufeinander abzustimmen. Und das „Schmiermittel" und das Instrument, mit dem dies gelingt, sind die Kompetenzorientierung und die kompetenzorientierte Unternehmens- und Personalentwicklung. Denn ein Unternehmen, das die beschriebene Methodik der Kompetenzentwicklung betreibt, sorgt dafür, dass alle Führungskräfte und Mitarbeiter so entwickelt werden, dass es ihrem Kompetenzstand entspricht und ihre Kompetenzen mit der Erreichung der Unternehmensziele verzahnt sind.

Ein auf die Kompetenzentwicklung ausgerichtetes Talentmanagement erlaubt aber nicht nur die Förderung der High Potentials – manche Unternehmen identifizieren zunächst einmal verschiedene Zielgruppen und legen spezifische Angebote fest, um spezielle Begabungen und Talente zu fördern – zum Beispiel:

- Die Leistungsträger erhalten Coachingangebote, für sie werden etwa Mentorenprogramme aufgelegt, die es ihnen ermöglichen, einen überdurchschnittlichen Beitrag zur Erreichung der Unternehmensziele zu leisten. Denn selbst bei den Höchstleistern gibt es Kompetenzbereiche, die ausbaufähig sind und bei denen Entwicklungspotenzial nach oben vorhanden ist – so etwa im Verhaltensbereich. Hier kann das individuelle Vier-Augen-Coaching einen Entwicklungsschub anstoßen.
- Bei den eher durchschnittlichen Middle Performern werden gezielt Stärken ausgebaut und Schwachpunkte angegangen. Dabei hilft etwa ein Benchmarkingkonzept – die Middle Performer lernen von den Leistungsträgern.
- Bei den sogenannten Low Performern, die eher unterdurchschnittliche Leistungen erbringen – oder zumindest nicht die, die man erwarten dürfte –, die aber im Unternehmen gehalten werden sollen, wird fehlendes Wissen sukzessive aufgebaut, etwa in Seminaren und durch Trainings.

Entscheidend ist stets: Durch Kompetenzdiagnostiktools wie ASSESS verfügt das Unternehmen über dezidierte Angaben über den Kompetenzstand eines Menschen – und über die Kompetenzanforderungen, die an dessen Arbeitsplatz relevant sind. So sind eine individuelle Vorgehensweise und die permanente Annäherung von Ist und Soll möglich.

• Individuelle Karrierepläne entwickeln

Gerade den High Potentials muss veranschaulicht werden, welche Perspektiven sich für sie im Unternehmen eröffnen. Talentierte Mitarbeiter und Führungskräfte wollen wissen, welche individuellen Weiterbildungsmöglichkeiten es für sie gibt, welche Aufstiegsperspektiven sich für sie auftun. Spezifische Karriereentwicklungsprogramme, die strikt auf die individuelle Kompetenzerweiterung ausgerichtet sind, unterstützen die Menschen dabei, sich vertikal durch Beförderungen und horizontal durch das Sammeln von Erfahrungen in verschiedenen Unternehmensbereichen, in denen sie hospitieren, zu entfalten und ihren Kompetenzen gemäß zu entwickeln – sei es, dass sie ihre Stärken weiter ausbauen, sei es, dass sie Schwächen minimieren oder Kompetenzlücken schließen.

Weiterbildungen wie Seminare, Trainings und Coachings werden nicht nach dem Gießkannenprinzip durchgeführt, sondern auf die High Potentials abgestimmt. Dazu muss ein Unternehmen mit Weiterbildnern zusammenarbeiten, die Standardweiterbildungen gar nicht erst anbieten, sondern sich von Einstellung und praktischem Know-how her vor allem als Dienstleister der High Potentials verstehen. Die maßgeschneiderten Entwicklungspläne umfassen zudem Jobrotationsmaßnahmen und Hospitationen, etwa in Partnerfirmen, oder Beschleunigungspools. Dort werden diejenigen Führungskräfte und Mitarbeiter aufgenommen, die die Personalabteilung gezielt darauf vorbereiten will, einmal größere Verantwortung zu übernehmen. Diese Personen erfahren eine bevorzugte Förderung.

Die Vorbereitung muss nicht unbedingt positionsspezifisch ausgerichtet sein – diese Menschen sind so talentiert, dass ihnen eine möglichst ganzheitliche Förderung zugutekommen sollte, die es ihnen gestattet, auf den verschiedensten Managementebenen Verantwortung zu übernehmen.

Natürlich können diese Maßnahmen – mit den notwendigen Abänderungen – auch bei den Middle Performern und Low Performer Anwendung finden.

- **Talent-Task-Forces einrichten**

Zudem sollte ein unternehmensinternes Talentscouting stattfinden und die Einrichtung einer Talent-Task-Force in die Überlegungen einbezogen werden. Die Talent-Task-Force prüft, ob nicht Mitarbeiter und Führungskräfte aus der „zweiten Reihe" über Talente verfügen, die bisher brachlagen oder noch nicht erkannt worden sind. Es kann durchaus sein, dass der Middle Performer – ja selbst der Low Performer – einfach noch nicht dort eingesetzt worden ist, wo seine Kompetenzen Früchte tragen. Es wäre die lohnende Aufgabe einer kompetenzorientierten Talent-Task-Force, den „versteckten" Talenten auf die Spur zu kommen, etwa mithilfe von ASSESS, speziell auch dem 360°-Feedback.

So ließe sich überdies verhindern, dass gute, aber noch unentdeckte Mitarbeiter vorzeitig das Unternehmen wechseln, weil sie nicht ausreichend genug gefördert wurden.

- **Retention Management für die Leistungsträger**

High Potentials bleiben gerne in einem Unternehmen, in dem Wert auf Führung, Coaching und Personalentwicklung gelegt wird, wo sie fit gemacht werden für eine individuelle berufliche Zukunft. Das heißt aber auch: Sie wechseln schnell das Unternehmen, wenn die alte Wirkungsstätte diese Bedingungen nicht aufweist. Die heiß begehrten und umworbenen Topmitarbeiter gehen auf Wanderschaft.

Umso effektiver ist es, für sie Kompetenzentwicklungsprogramme aufzulegen, die sie langfristig binden. Individuelle Entwicklungs- und Karrierepläne, punktgenaue Weiterbildung, das offensiv-aktive Bemühen, sie halten zu wollen, die Berücksichtigung immaterieller Werte – all dies erhöht die Wahrscheinlichkeit, dass der eine oder andere Euro mehr oder weniger auf dem Gehaltszettel keine mehr so bedeutende Rolle spielt, weil die Führungskraft oder der Mitarbeiter spürt: „Hier bleibe ich, denn meine Kompetenzen und ich sind dem Unternehmen wichtig!"

Das folgende Beispiel veranschaulicht nochmals die Möglichkeiten des kompetenzorientierten Talentmanagements.

Fallbeispiel: Wer geht den Schritt nach oben?

Ein Unternehmen sucht für seine Marketingabteilung eine Führungskraft. Dieter Maier und Gisela Müller sind für die Führungsposition im Gespräch. Beide sind in der Firma „groß geworden" und hervorragende Mitarbeiter. Die Verantwortlichen überlegen: Wie unterscheidet sich denn nun ein High Potential, der „das Zeug" zur Führungskraft hat, von einem Mitarbeiter, der für die Führungsposition weniger geeignet ist? Ergebnis: Die Fachkenntnisse sind dabei nicht das ausschlaggebende Kriterium, sondern persönliche Eigenschaften, Verhaltensweisen, Potenziale und Talente. Darum entschließen sich die Verantwortlichen, das Kompetenzdiagnostiktool ASSESS einzusetzen.

Die Kompetenzfestlegung für die vakante Stelle

Dazu werden im *SSM-Prozess* – in Anlehnung an das Konzept „Leading others" – zehn Kernkompetenzen definiert, die für die zu besetzende Position wichtig sind. Diese werden dann bei den Kandidaten Dieter Maier und Gisela Müller per Fragebogen erfasst und ausgewertet. So kann deutlich gemacht werden, wo genau Entwicklungspotenzial steckt und welche Maßnahmen individuell erforderlich sind, um eine effizientere Arbeitsweise zu ermöglichen.

Die Kompetenzen sind: Visionskraft, Entscheidungsstärke, Veränderungsinitiative, Planungs- und Organisationsfähigkeit, ergebnisorientiertes Handeln, Überzeugungskraft und Einflussnahme, zielorientierte Führung, Mitarbeiterentwicklung, Motivationskraft, Beziehungsmanagement.

Dieter Maier: Der gute Networker und Planer

Die Abbildungen 18 und 19 zeigen das Kompetenzprofil des jeweiligen Kandidaten für die Führungsposition. Das Kompetenzprofil von Dieter Maier zeigt: Er bringt bereits viele Kompetenzen mit, die eine gute Führungskraft ausmachen: Er zeigt hohes Potenzial in den Bereichen Beziehungsmanagement und Mitarbeiterentwicklung und ist sehr wahrscheinlich ein hervorragender Planer und Organisator. Er verbindet jedoch die Fähigkeit, ein gutes Verhältnis zu seinen Mitmenschen aufbauen zu können, nicht mit der Überzeugungskraft und Veränderungsinitiative, die in dieser Position vonnöten ist. Auch der Bereich der Motivationskraft und des ergebnisorientierten Handelns bedarf der Entwicklung.

Damit besteht bei Dieter Maier in insgesamt sieben von zehn Schlüsselkompetenzen Weiterbildungsbedarf.

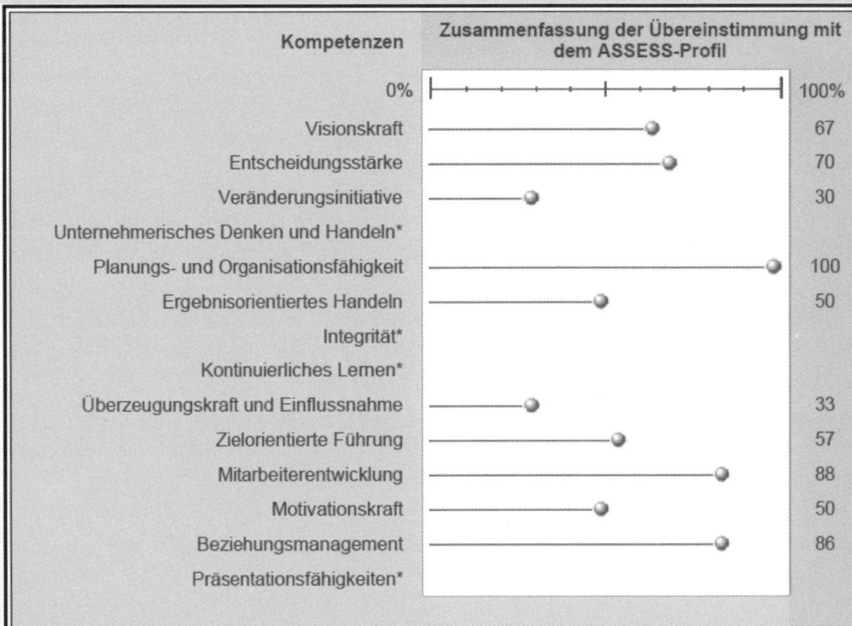

**Kompetenzen werden durch die von ASSESS festgestellten Persönlichkeitseigenschaften nicht maßgeblich begünstigt oder beeinträchtigt. ASSESS trifft kein Urteil über diese Kompetenzen.*

Abb. 18: Kompetenzprofil von Dieter Maier

Gisela Müller: Die Tatkräftige

Bei Gisela Müller wird deutlich, dass von den zehn Schlüsselkompetenzen, die für diese Position in diesem Unternehmen als unbedingt erforderlich definiert wurden, acht in hervorragender Ausprägung vorhanden sind. Sie ist für die angestrebte Führungsposition in diesem Unternehmen prinzipiell gut geeignet und verbindet strategisch-intellektuelles Potenzial wie etwa Visionskraft und Veränderungsinitiative mit Führungskompetenzen wie zum Beispiel Motivationskraft und Mitarbeiterentwicklung.

Doch: Besonders der Bereich Beziehungsmanagement ist noch optimierbar.

Wer ist der/die Richtige, Dieter Maier oder Gisela Müller?

Im direkten Vergleich der Kompetenzprofile beider Kandidaten wird deutlich, dass Gisela Müller insgesamt besser auf das Anforderungsprofil für die zu besetzende Führungsposition passt. Die höheren Prozentwerte bei den Kernkompetenzen weisen dies aus.

Das bedeutet aber nicht, dass Dieter Maier generell für dieses Unternehmen ungeeignet wäre. In anderen Positionen innerhalb des Unternehmens kann das Kompetenzprofil dieses Mitarbeiters eine hervorragende Übereinstimmung mit den Anforderungen des Unternehmens ergeben. Darum müsste in einem zweiten Schritt geprüft werden, wo Dieter Maier gemäß seinen Kompetenzen und Eigenschaften besser und auf Dauer glücklicher arbeiten kann.

Für hervorragende Leistungen in der aktuell zu besetzenden Position in der Marketingabteilung jedoch müssten Unternehmen und Kandidat zu viel Zeit und Aufwand in Weiterbildungsmaßnahmen investieren. Das Resultat eines solchen „Weiterbildungsmarathons" wäre vermutlich eher Frustration als Erfolg.

Bei Gisela Müller besteht sicherlich auch die Möglichkeit zur Verbesserung, hier ist jedoch mit weit weniger Aufwand als bei Dieter Maier zu rechnen. Zu denken ist etwa an eine Weiterbildungsmaßnahme wie ein On-the-Job-Coaching.

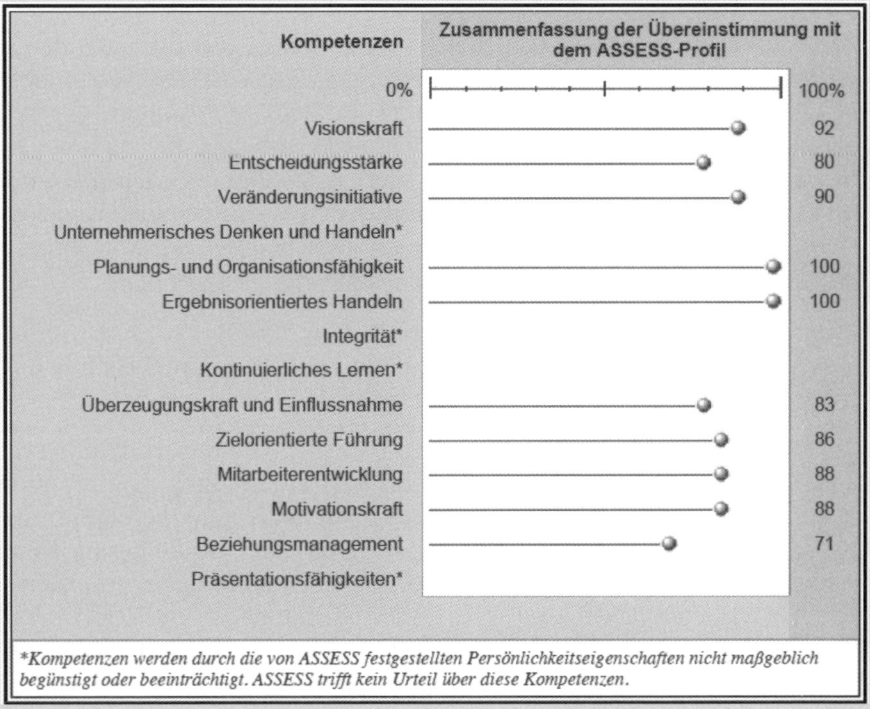

Abb. 19: Kompetenzprofil von Gisela Müller

Employer Branding: Attraktivität nach außen kommunizieren

Weil gute und motivierte High Potentials heiß begehrt und umkämpft sind, sollte ein Unternehmen nicht nur prüfen, was der (künftige) Mitarbeiter für die Firma tun kann. Es muss überdies analysieren, welche Möglichkeiten es hat, die heiß umkämpften besten Köpfe für das Unternehmen zu interessieren und sie an sich zu binden – was es tun kann, um sich als hervorragende Arbeitgebermarke für diese zu positionieren!

Unternehmen, die eine kompetenzorientierte Unternehmens- und Personalentwicklung und ein intensives Talentmanagement betreiben, sind dabei im Vorteil: Denn sie können die potenziellen Führungskräfte und Mitarbeiter damit locken, dass man sich in der Firma intensiv mit der individuellen Verbesserung ihrer Kompetenzen beschäftigen wird und mit Instrumenten arbeitet, die eine punktgenaue Abstimmung zwischen Anforderungs- und Qualifikationsprofil gewährleisten. Ein neuer Mitarbeiter wird sich mit hoher Wahrscheinlichkeit in dem Unternehmen wohlfühlen, weil das dargestellte kompetenzorientierte Auswahlverfahren von vornherein darauf angelegt ist, zu einer hohen Übereinstimmung zwischen den Mitarbeiterpräferenzen und denen des Unternehmens zu gelangen.

Es gilt aber auch: Ein Mitarbeiter, der nicht über die Kompetenzen verfügt, die das Unternehmen braucht und der nicht die Werteorientierung hat, die dort gelebt wird, wird sich gar nicht erst bewerben.

„Was kann ich tun, damit mein Unternehmen attraktiv für den High Potential ist?“ Die Antworten verdichten sich im Konzept des Employer Branding, mit dem sich das Unternehmen zu einer erkennbaren, starken, attraktiven „Arbeitgebermarke“ entwickelt, die eine Sogwirkung auf die besten Köpfe, die engagierten und kompetenten Führungskräfte und Mitarbeiter ausübt.

Attraktivität durch Einzigartigkeit, Authentizität und Werteorientierung erzielen

Die Fähigkeit, Talente und High Potentials an sich zu binden, wird zu einem entscheidenden Wettbewerbsfaktor für die Unternehmen – ist es schon lange geworden! Employer Branding umfasst Maßnahmen, die den Bekanntheitsgrad bei den High Potentials erhöhen, ein positives Image aufbauen und den Status der „Einzigartigkeit“ sichern – was auch die Loyalität und die Treue der Mitarbeiter steigert, die schon länger an Bord sind. Jeder ist stolz darauf, in einem Unternehmen mit einem sehr guten Namen und Image zu arbeiten, und seinen Teil dazu beitragen zu können. Neben der Kompetenzorientierung gehört zu den wichtigsten Maßnahmen, auf die Glaubwürdigkeit in den Aussagen des Unternehmens zu achten, um Vertrauen aufzubauen. Potenzielle Bewerber sollen das Unternehmen als authentischen und vertrauenswürdigen Arbeitgeber wahrnehmen. Dies gelingt, wenn es zwischen der Außendarstellung – also dem, was nach außen kommuniziert wird – und dem Handeln und Tun insbesondere der Führungskräfte als Repräsentanten des Unternehmens ein Höchstmaß an Übereinstimmung gibt.

Darum sollten sich Führungskräfte zu Markenbotschaftern des Unternehmens entwickeln – und dabei unterstützt werden. Denn die „High Potentials da draußen“ müssen von der Einzigartigkeit und Attraktivität der Firma als Arbeitgeber Kenntnis nehmen können. Das Fundament des Erfolges bei den High Potentials sind eine gute Unternehmensführung und eine visionäre Führungsphilosophie, die den Menschen in den Mittelpunkt stellt und dazu beiträgt, dass sich der Mitarbeiter am Arbeitsplatz optimal entfalten und entwickeln kann.

Überdies werden die High Potentials häufig nicht allein durch wirtschaftliche Kennzahlen „angelockt“ – der Hinweis auf die werteorientierte Unternehmensführung ist geeignet, gerade auf diejenigen Menschen eine Sogwirkung auszuüben, für die die ethisch-moralische Ausrichtung ebenso bedeutsam ist wie das Vorhandensein eines Karriereentwicklungsplans.

Ende 2009 hat eine Langzeitstudie der Universität Hannover ergeben: Empathie, Vorbild, Förderung und ethisches Verhalten erwarten die jungen Talente von ihren heutigen Führungskräften. Sie wollen nicht Mittel zum Zweck sein. Sie prüfen, ob sie als wertvolle Menschen und eigenständige Persönlichkeiten in ihrem individuellen Sosein geachtet werden. Sie erwarten, dass die Unternehmen ihnen optimale Entfaltungs- und Entwicklungsmöglichkeiten bieten.

Gelingt es den Unternehmen, diese Topleute ihren inhärenten Verhaltensmustern und Kompetenzen gemäß zu rekrutieren, zu begeistern und weiterzuentwickeln, werden sie Leistungen erleben, die weit über das hinausgehen, was sie gemeinhin erwarten dürfen!

Das heißt: Ein Unternehmen, das Markenstatus erreichen und sich mithin zur Arbeitgebermarke entwickeln möchte, muss als Grundvoraussetzung vor allem eine hohe Qualität in der personalpolitischen Ausrichtung und Umsetzung aufweisen. Die kompetenzorientierte Personalentwicklung bildet dabei einen wichtigen Mosaikstein.

Kompetenzorientierung statt starrer Altersgrenzen! Ein Exkurs

Die kompetenzorientierte Unternehmens- und Personalentwicklung könnte – und das wird die Zukunft zeigen – eine weitere Herausforderung bewältigen helfen und eine Antwort auf die Frage geben, wie wir am Wirtschaftsstandort Deutschland mit älteren Arbeitnehmern umgehen und bis zu welchem Alter wir arbeiten sollen und müssen, bevor es in den Ruhestand geht.

Schon jetzt deuten Meldungen wie „Senioren helfen Firmen“ darauf hin, wie unerlässlich es ist, auf die Kompetenzen und Fähigkeiten älterer Menschen zurückgreifen zu können. Der Bonner Senioren Experten Service (SIS), der Ruheständler mit besonderem Fachwissen an Betriebe vermittelt, die deren Wissen benötigen, berichtet, dass im Jahr 2010 allein bis zum Oktober fast 1.600 Frauen und Männer über die Vermittlung des SIS im Einsatz waren. Der Arbeitsmarkt braucht die älteren Menschen – auch, damit sie ihr Erfahrungswissen an die jüngeren Mitarbeiter weitergeben.

Und darum steht am Schluss dieses Kapitels der folgende Gedanke: Wäre es nicht klug, die Altersgrenze zumindest im Bereich der Führungskräfte, bei denen Gesundheitsgründe bei der Entscheidung, ob jemand seine Aufgaben im Job noch erfüllen kann, keine entscheidende Rolle spielen, durch eine „Kompetenzgrenze“ abzulösen? Konkret: In Fragen der Ruhestandregelungen werden immer auch die Kompetenzen in Betracht gezogen: Gefragt wird nicht oder nicht nur nach dem Alter. Vielmehr wird ein Kompetenzcheck durchgeführt, um die Eignung des älteren Menschen als wichtiges und weiteres Entscheidungskriterium heranzuziehen. Die Frage: „Wie alt sind Sie?“ tritt in den Hintergrund. „Über welche Kompetenzen verfügen Sie?“ – diese Fragestellung dominiert in der kompetenzorientierten Arbeitswelt und Gesellschaft.

Beziehen Sie die Kapitelinhalte auf Ihre Situation

Können Sie sich vorstellen, Kompetenzdiagnostiktools

- für Ihre persönliche Weiterentwicklung einzusetzen,
- zu nutzen, um Ihre Personalauswahl und Ihr Bewerbermanagement zu optimieren,
- für das interne Talentmanagement einzusetzen,
- heranzuziehen, um sich als „Arbeitgebermarke" zu profilieren?

Kapitelfazit: Das Wichtigste im Überblick

Kompetenzorientierung und Kompetenzdiagnostiktools tragen dazu bei,

- der einzelnen Führungskraft und dem einzelnen Mitarbeiter Aufschluss darüber zu geben, ob ein Weiterbildungsbedarf besteht, damit sie ihre beruflichen (Karriere-)Ziele erreichen können und sich im Sinne ihrer Arbeitsplatzanforderungen bestmöglich entwickeln können,
- die Personalsuche und das Bewerbermanagement zu verbessern und punktgenaue Soll-Profile für vakante Stellen zu verfassen, um „den richtigen Mitarbeiter für den richtigen Arbeitsplatz" zu finden und ihn langfristig an das Unternehmen zu binden,
- Teams optimal zusammenzustellen, in denen sich die Mitglieder in ihren Kompetenzen und Persönlichkeitsprofilen ergänzen,
- ein unternehmensinternes Talentmanagement aufzuziehen, durch das versteckte und brachliegende Begabungen entdeckt, aber auch Schwächen identifiziert werden können, um die Menschen individuell zu fördern und zu fordern, und
- sich als „Arbeitgebermarke" zu etablieren, die eine Sogwirkung auf High Potentials ausübt.

Schlusswort: Kompetenzorientierte Weiterentwicklung entscheidet über unsere Zukunft

Während wir an diesem Buch arbeiten und schreiben, erschreckt uns eine neue Zahl: Nur noch 23 Prozent aller Führungskräfte sind mit ihrem bisherigen Job richtig zufrieden. Bei 77 Prozent hingegen ist dies nicht der Fall. Das ergab eine Online-Karriereumfrage der Stellenbörse „Experteer" und des Zeitverlags mit 3.029 Fach- und Führungskräften, deren Ergebnisse im November 2010 veröffentlicht wurden. Drei Viertel der Befragten denken, es sei Zeit für den nächsten Karriereschritt.

Aufschlussreich für unseren Zusammenhang ist die Begründung der Führungskräfte für die zunehmende Unzufriedenheit: Der Hauptgrund für Wechselgedanken ist nicht das Geld. Viele Befragte halten sich vielmehr für fehl am Platze: Mehr als ein Drittel, nämlich 38 Prozent, findet, dass ihr Fachwissen und ihre Expertise nicht zu ihren Aufgaben passen. Zwei Jahre zuvor, als die Befragung mit exakt denselben Fragen durchgeführt wurde, waren es noch 33 Prozent. Es besteht ein Konsens: Die Kompetenzen der Menschen passen häufig nicht zum Arbeitsplatz, zwischen den Arbeitsplatzanforderungen und den Fähigkeiten besteht eine zu kleine Schnittmenge.

Es ist die kompetenzorientierte Unternehmens- und Personalentwicklung, die die Führungskräfte und Mitarbeiter motivieren könnte, in langfristigen Karriereentwicklungsschritten zu denken. Erst wenn die Arbeitszufriedenheit steigt, weil die Menschen ihre Arbeit gerne und mit den notwendigen Qualifikationen ausgestattet angehen, können Unternehmen hoffen, Menschen an sich zu binden, die sie dabei unterstützen, ihre Unternehmensziele zu erreichen.

Nicht im, sondern am Unternehmen arbeiten

Lutz von Rosenstiel hat in seinem Vorwort als Essenz und Antriebskraft des unternehmerischen Wirkens den Willen dargestellt, auf drei grundlegende Fragen Antworten zu finden:

- Wer wollen wir künftig sein?
- Was ist für uns wichtig?
- Was soll fürderhin der Kern unserer Identität sein?

Wir hoffen, mit dem Konzept der kompetenzorientierten Unternehmensentwicklung liegt Ihnen ein Instrument vor, mit dem Sie die Frage nach der Vision und Mission Ihres Unternehmens nicht nur beantworten, sondern Ihr Zukunftsbild auch umsetzen können. Im Mittelpunkt steht dabei der Mensch mit seinen Kompetenzen, Fähigkeiten und Qualifikationen. Es sind vor allem die gut ausgebildeten Menschen, die die unternehmerische Wettbewerbsfähigkeit sichern und strategische Wettbewerbsvorteile aufbauen helfen, die von den Kunden auch wahrgenommen werden.

Unsere Erfahrung besagt, dass es diejenigen Menschen sind, die am Arbeitsplatz ihre Begabungen und Talente entfalten und weiterentwickeln können, die die Erwartungen, Wünsche und Visionen der Kunden in den Mittelpunkt stellen und ihre Wahrnehmungswelt betreten können und damit den unternehmerischen Erfolg sichern. Menschen hingegen, die am Arbeitsplatz unzufrieden sind, auch, weil sie dort ihre Fähigkeiten nicht einsetzen können und sich mit Aufgaben beschäftigen müssen, die sie nicht interessieren und nicht berühren oder für die sie unzureichend qualifiziert sind, sind seltener in der Lage, gute oder gar Topleistungen abzurufen.

Das heißt: Sie brauchen loyale Menschen, die sich voll und ganz und aus innerer Überzeugung dafür einsetzen, Unternehmensziele zu den ihren zu machen. Sie brauchen engagierte Menschen, die sich auf allen Ebenen mit der Firma, dem Arbeitgeber, dem Produkt und den Kunden identifizieren – und dadurch einfach Spaß an der Arbeit haben. Sie brauchen Menschen, die es wagen, mit Ihnen neugierig, motiviert und abenteuerlustig nicht einfach am Arbeitsplatz, also IM Unternehmen zu arbeiten, sondern AM Unternehmen und seiner Weiterentwicklung.

„Ich leiste jeden Tag mehr als ich laut Arbeitsvertrag leisten muss, ich halte mich gerne an meinem Arbeitsplatz auf, weil ich mich jeden Tag weiterentwickeln und meinen Kompetenzen gemäß einsetzen kann!“ – das sind Mitarbeiteraussagen in Firmen, in denen die Menschen nicht nur einfach mitarbeiten, sondern gemeinsam mit ihren Kollegen und Führungskräften am Unternehmenserfolg feilen. Sie arbeiten nicht im Unternehmen, sondern am

Unternehmen. Sie sind keine Mit-Arbeiter und haben schon gar keine Personal- sondern eine Mit-Unternehmer-Mentalität.

Kompetenzmodelle dienen der Unternehmenswertsteigerung

Kompetente Mit-Unternehmer bringen Wertschöpfung und fordern Wertschätzung. Damit ein Unternehmen einen Sog auf solche Menschen ausübt, müssen wir sie als selbstbestimmte Persönlichkeiten sehen, nicht als „Human Capital“, das man auf dem Schachbrett der Personalpolitik einsetzen kann. Eröffnen wir ihnen Gestaltungsspielräume, lassen wir sie eigenständige Entscheidungen treffen, statten wir sie mit den Kompetenzen dafür aus. Vertrauen schafft Verlässlichkeit – wenn wir dafür gesorgt haben, dass die richtigen Mitarbeiter an den richtigen Positionen im Unternehmen tätig sind und die ihnen angemessenen Entwicklungsmöglichkeiten haben.

Ihre Aufgabe ist es, dafür zu sorgen, dass Mensch und Stelle zusammenpassen. Dazu sind ein Kompetenzmanagement und der Einsatz jener Diagnostiktools notwendig, die Sie in diesem Buch kennengelernt haben und nun einsetzen können. Denn die Grundlage strategischer Unternehmens- und Personalentwicklung sollten möglichst objektivierbare Parameter sein. Dann ist Kompetenzmanagement ein direkter Beitrag zur Unternehmenswertsteigerung[12].

Kompetenzorientierte Weiterentwicklung des Menschen am Arbeitsplatz, kompetenzorientierte Weiterbildung zum Wohle des Unternehmens und des Menschen – das sind Antworten auf einige der zukünftigen Herausforderungen, vor deren Bewältigung fast alle Unternehmen stehen. Wahrscheinlich auch Ihres.

[12] Mehr dazu unter www.die-kompetenzentwickler.de

Zu den Autoren

Frank M. Scheelen ist erfolgreicher Unternehmer, bekannter Bestsellerautor und visionärer Speaker. Seit mehr als 20 Jahren berät er mit der von ihm gegründeten SCHEELEN® AG, deren Vorstandsvorsitzender er heute ist, erfolgreich Topunternehmen und Hidden Champions aus dem Mittelstand in ganz Europa.

Der mehrfach ausgezeichnete Managementcoach war jahrelang auf dem US-amerikanischen Markt tätig und ist gern gesehener Speaker auf Wirtschafts- und Innovationskongressen. „Megatrend Mensch® – Wachstum durch Kompetenz" ist das Leitbild der ganzheitlichen Unternehmensberatung, der es um die Entwicklung aller menschlichen Potenziale und Kompetenzen geht. Zu den mittlerweile rund 20 Mitarbeitern der SCHEELEN® AG gesellen sich zehn fest angestellte Trainer, mehrere Tochterunternehmen im In- und Ausland sowie 500 Partnerunternehmen.

In dem seit Oktober 2010 bestehenden Premium-Consulting-Unternehmen CHRISTIANI, SCHEELEN & CIE vereint Frank M. Scheelen gemeinsam mit dem renommierten Berater, Topspeaker und Unternehmer Alexander Christiani die beraterische Erfahrung aus zusammen 45 Jahren erfolgreichen Top-Level-Consultings mit dem Ziel, den Unternehmenswert der Kunden zu steigern.

Mit seiner Expertise und seiner langjährigen Erfahrung im strategischen HR- und Change Management ist Frank M. Scheelen als „Certified Human Resource Professional" ausgezeichnet. Er ist exklusiver Lizenzträger sowie Master-Ausbilder für INSIGHTS MDI® und ASSESS in Zentraleuropa, außerdem war er sechs Jahre Präsident des Q-Pool 100, der Offiziellen Qualitätsgemeinschaft Internationaler Wirtschaftstrainer und -berater. Mit seinen langjährigen Kontakten auf dem US-amerikanischen Markt ist Frank M. Scheelen mit der Herausgeberschaft der deutschsprachigen Ausgabe des bekannten Magazins „Executive Excellence" betraut. Er ist Mitglied im Club 55, der Gemeinschaft europäischer Marketing- und Verkaufsexperten, sowie Lehrbeauftragter der University of Applied Science in München.

Kontaktdaten:

SCHEELEN® AG
Klettgaustr. 21
79761 Waldshut
Tel.: +49 (0) 7741 / 96 94 0
Fax: +49 (0) 7741 / 96 94 20
E-Mail: info@scheelen-institut.de
Web: www.scheelen-institut.de

Weitere Informationen finden Sie auf folgenden Webseiten:
www.assess-online.de
www.die-kompetenzentwickler.de

Dr. David G. Bigby, promoviert in Philosophie und Arbeits-/Organisationspsychologie, ist Gründer und Präsident des Assessement- und Consultingunternehmens ASSESS Systems (früher Bigby, Havis & Associates, Inc.). Er hat seit über 30 Jahren Erfahrung in der Entwicklung und Validierung von Tests, psychologischen Beurteilungen von Arbeits- und Führungskräften, Organisationsanalyse und -entwicklung sowie Training und Entwicklung von Führungskräften. Diese Erfahrungen sind in die Entwicklung des Kompetenzanalysetools ASSESS geflossen, das in mehr als 40 Ländern im Einsatz ist.

Als international anerkannter Experte für computergestützte Tests und Testsysteme berät Dr. David G. Bigby Unternehmen aus verschiedensten Wirtschaftsbereichen in Fragen der Bewerberauswahl, der Organisationsentwicklung oder des Chance Managements. Mehr Informationen finden Sie auf www.assess-systems.com.

Literaturverzeichnis

- Bonsen, Matthias zur: Führen mit Visionen. Der Weg zum ganzheitlichen Management. Niedernhausen 2000.
- Bredemeyer, Sabine: Lust auf eine gemeinsame Zukunft. In: Rosewich, Evelyn (Hrsg.): Mehr Lust auf Leistung. Offenbach 2003.
- Buhr, Andreas: Machen satt meckern! Mit ©lean leadership zu mehr Erfolg in wirtschaftlich schwierigen Zeiten. Düsseldorf 2009.
- Christiani, Alexander; Scheelen, Frank M.: Stärken stärken. Talente entdecken, entwickeln und einsetzen – mit Begabungsanalyse und individuellem Talententwicklungsprogramm. München 2008.
- Collins, James; Porras, Jerry: Visionary Companies. Visionen im Management. Düsseldorf 1995.
- Dörner, Dietrich u. a.: Lohhausen. Vom Umgang mit Unbestimmtheit und Komplexität. Bern 1994.
- Erpenbeck, John; Rosenstiel, Lutz von (Hrsg.): Handbuch Kompetenzmessung. Erkennen, verstehen und bewerten von Kompetenzen in der betrieblichen, pädagogischen und psychologischen Praxis. Stuttgart, 2., überarbeitete und erweiterte Auflage 2007.
- Erpenbeck, John; Heyse, Volker: Die Kompetenzbiographie: Wege der Kompetenzentwicklung. Münster, 2., aktualisierte und überarbeitete Auflage 2007.
- Guilford, Joy Paul; Christensen, Paul R.; Bond, Nicholas A.: The DF Opinion Survey. Manual of Instructions and Interpretations. Beverly Hills 1956.
- Guilford, Joy Paul; Zimmermann, Wayne S.; Guilford, Joan S.: The Guilford-Zimmermann Temperament Survey Handbook. San Diego 1976.
- Guilford, Joy Paul; Martin, H. G.: Age differences in some introvertive and emotional traits. In: Journal of General Psychology, Nr. 31. 1944, p. 219-229.

- Hamel, Gary; Prahalad, C. K.: Wettlauf um die Zukunft. Wie Sie mit bahnbrechenden Strategien die Kontrolle über Ihre Branche gewinnen und die Märkte von morgen schaffen. Wien, 2. Auflage 1997.
- Hans, Norbert: Aufbruch im Mittelstand. Mehr Marktanteile durch strategischen Weitblick. Wiesbaden 2003.
- Heyse, Volker: Kompetenztraining: Informations- und Trainingsprogramme. Stuttgart, 2., überarbeitete und erweiterte Auflage 2009.
- Heyse, Volker; Erpenbeck, John; Ortmann, Stefan (Hrsg.): Grundstrukturen menschlicher Kompetenzen: Praxiserprobte Konzepte und Instrumente. Münster 2010.
- Hinterhuber, Heinz H.: Strategische Unternehmensführung, Band I: Strategisches Denken, Band II: Strategisches Handeln. Berlin, New York 1996.
- Jung, Carl Gustav: Gesammelte Werke in 20 Bänden. Band 6 – Psychologische Typen. Düsseldorf 1995.
- Jung, Rüdiger H.; Kleine, Meinolf: Management. Personen – Strukturen – Funktionen – Instrumente. München, Wien 1993.
- Lucia, A.; Lepsinger, R.: The Art and Science of Competency Models. Pinpointing Critical Success Factors in Organizations. San Francisco 1993.
- McClelland, David C.: Testing for competence rather than for „intelligence“. In: American Psychologist, 28(1), 1973, p. 1-14.
- Mintzberg, Henry u. a.: Strategy Safari. Eine Reise durch die Wildnis des strategischen Managements. Frankfurt/Main 2002.
- Müller-Stewens, Günter; Lechner, Christoph: Strategisches Management. Stuttgart 2001.
- Otto, Michael: Spielregeln für die Globalisierung. Interview in: Der Spiegel 12/2002, S. 104-106.
- Peter, Laurence J.; Hull, Raymond: Das Peter-Prinzip. Reinbek bei Hamburg, 10. Auflage 2001.
- Porter, Michael E.: Wettbewerbsvorteile. Spitzenleistungen erreichen und behaupten. Frankfurt/Main, New York 2000.

- Porter, Michael E.: Wettbewerbsstrategie. Methoden zur Analyse von Branchen und Konkurrenten. Frankfurt/Main, New York 1999 (zitiert wird nach der 7. Auflage von 1992).
- Scheelen, Frank M.: Menschenkenntnis auf einen Blick. Sich selbst und andere besser verstehen. München, 2. Auflage 2006.
- Siegert, Werner: Ohne Ziele keine Treffer. Ziele – Wegweiser zum Erfolg. Wolnzach, 3. Auflage 2006 (zitiert wird aus der ersten Auflage, die 1995 im VBU Verlag, Bonn, erschienen ist).
- Simon, Hermann (Hrsg.): Das große Handbuch der Strategiekonzepte. Frankfurt/Main, New York, 2. Auflage 2010.
- Simon, Walter: Persönlichkeitsmodelle und Persönlichkeitstests. Offenbach 2006.
- Simon, Walter: GABALs großer Methodenkoffer. Persönlichkeitsentwicklung. Offenbach 2007.
- Spencer, Lyle M.; Spencer, Signe M.: Competence at Work. New York 1993.
- Spranger, Eduard: Lebensformen, Psychologie und Ethik der Persönlichkeit. Tübingen 1966.
- Stewart, Thomas: Der vierte Produktionsfaktor. Wachstum und Wettbewerbsvorteile durch Wissensmanagement. München, Wien 1998.
- Zenger, John H.; Folkman, Joseph: The Extraordinary Leader: Turning Good Managers into Great Leaders. Columbus, 2nd Edition 2009.

Stichwortverzeichnis